本书得到"河海大学社科文库"(2019B36714)和中央高校基本
科研业务费(2017B19414)资助

自我与理性
——现象学的社会科学哲学研究

张小龙 ◎ 著

·南京·

图书在版编目(CIP)数据

自我与理性:现象学的社会科学哲学研究 / 张小龙著.
—南京:东南大学出版社,2019.10
 ISBN 978-7-5641-8563-3

Ⅰ.①自… Ⅱ.①张… Ⅲ.①现象学-社会科学-科学哲学-研究 Ⅳ.①B81-06

中国版本图书馆 CIP 数据核字(2019)第 218698 号

自我与理性:现象学的社会科学哲学研究
Ziwo Yu Lixing:Xianxiangxue De Shehui Kexue Zhexue Yanjiu

著　　者	张小龙
责任编辑	陈　淑
编辑邮箱	535407650@qq.com
出版发行	东南大学出版社
出 版 人	江建中
社　　址	南京市四牌楼 2 号(邮编:210096)
网　　址	http://www.seupress.com
电子邮箱	press@seupress.com
印　　刷	江苏凤凰数码印务有限公司
开　　本	700mm×1 000mm　1/16
印　　张	13
字　　数	228 千字
版 印 次	2019 年 10 月第 1 版　2019 年 10 月第 1 次印刷
书　　号	ISBN 978-7-5641-8563-3
定　　价	59.00 元
经　　销	全国各地新华书店
发行热线	025-83790519　83791830

(本社图书若有印装质量问题,请直接与营销部联系,电话:025-83791830)

现象学对社会科学的影响已经成为一种事实,并被人们重视起来。这就需要我们说明现象学是如何与社会科学产生联系的,它又是以什么样的方式开展对社会科学的反思以及现象学对社会科学的合理性探讨等一系列问题,并进一步描述一种现象学的社会科学哲学应该具有什么样的特征。

本书从现象学出发,以现象学态度为基本立场,确认现象学进入社会科学哲学领域的合法性。显然,只有意向性概念的提出才使现象学能够突破近代科学主客二分,现象学介入社会科学才有了优势地位。鉴于时间概念在社会科学认识结构中所处的基础地位,以及时间作为构成对象的形式的可能性条件等原因,现象学的时间性分析成为我们进入现象学社会科学哲学研究的真正起点。而随着对应于科学的生活世界概念的提出,自然态度和现象学态度的区分得到了进一步的揭示,明确了社会科学的现象学提问方式,并认识到具体科学可以就世界提供一定的认识,但也存在使认识被遮蔽的可能。在此基础上,我们进一步追问社会科学的目标到底是什么。传统认识中对普遍性的追求只是说明了某一类事物的浅层次本质,社会科学一定层面上对个体性的偏重则有利于真正科学地认识具体事物的确切本质。通过贯穿于现象学分析的三个基本结构我们可以描述一种现象学的社会科学哲学的基本特点。

我们将社会科学的认识与人自身的生存联系在一起,认识到社会科学的科学性主要并不是来自客观性,而是以社会科学作为人类自我实现的方式本身得到确立的。社会科学不过是人类自我实现的一种方式、一个阶段。而理性作为自我朝向的对象反过来规范着我们的自我实现。因此现象学的社会科学哲学并没有提供给我们一个封闭的知识体系,而是帮助我们看到了社会科学的一种新的可能性。

| 绪论 | 1 |

第一章 现象学社会科学哲学研究现状及概念基础 …… 8

第一节 社会科学哲学发展概述 …… 8
一、实证主义 …… 9
二、诠释学 …… 10
三、分析哲学 …… 11
四、西方马克思主义 …… 12
五、现象学 …… 13

第二节 现象学社会科学哲学文献说明 …… 14
一、现象学经典文献 …… 14
二、许茨及其后社会科学的现象学分析 …… 16
三、国内相关研究 …… 18

第三节 概念基础 …… 24
一、把握现象学的困难 …… 24
二、什么是现象学 …… 27

第二章 主体回归保证社会科学的可能性 …… 30

第一节 没有主体的科学 …… 31
一、伽利略的自然数学化观念与社会科学 …… 31
二、笛卡尔的"二元论"与社会科学 …… 36
三、社会科学中主体缺失的四重困境 …… 39

第二节 意向性改变切入社会科学的视角 …… 43
一、意向性概念的起源 …… 44
二、意向性概念的基本特征 …… 45

三、意向性概念超越了主客二分 ································ 47
　第三节　开放的主体 ·· 49
　　一、胡塞尔对主体性问题的认识 ································ 50
　　二、生存论现象学对主体性问题的认识 ······················ 52
　　三、现象学回归主体对社会科学的重要意义 ··············· 54

第三章　时间意识建构作为对象的社会科学 ······················ 58
　第一节　时间与社会科学 ··· 58
　　一、社会科学的绝对时间观念 ··································· 59
　　二、作为资源的时间 ·· 60
　　三、社会科学内的时间研究 ······································ 62
　第二节　时间的现象 ·· 64
　　一、文学中的时间 ·· 65
　　二、科学中的时间 ·· 66
　　三、哲学中的时间 ·· 67
　第三节　现象学中时间与对象构成的关联 ····················· 69
　　一、胡塞尔对内在时间意识的分析 ···························· 70
　　二、海德格尔对时间的分析 ······································ 72
　　三、现象学时间分析的意义 ······································ 73
　第四节　时间分析对现象学社会学的影响 ····················· 80
　　一、时间证实社会科学对象的特殊性 ························ 80
　　二、作为社会科学一般方法的理解以时间为基础 ········ 82
　　三、许茨对现象学社会学的全面建构 ························ 84

第四章　现象学反思社会科学的方式 ································ 88
　第一节　自然主义社会科学观 ······································ 88
　　一、自然主义社会科学观的形成 ······························· 89
　　二、自然主义科学观的影响 ······································ 93
　　三、现象学对自然主义的批判 ··································· 96

第二节 从自然态度到现象学态度 ·········· 99
一、什么是自然态度和现象学态度 ·········· 99
二、转向现象学态度的途径 ·········· 103
三、现象学态度的重要性 ·········· 105

第三节 社会科学的反思结构 ·········· 107
一、现象学对社会科学的提问方式 ·········· 108
二、社会科学以自我的建构为对象 ·········· 110
三、社会科学需回到生存中 ·········· 112

第五章 现象学使社会科学个体性本质显现 ·········· 114

第一节 从本质到规律的历史发展 ·········· 114
一、本质的日常认识 ·········· 115
二、本质概念的历史演进 ·········· 116

第二节 社会科学中的本质主义及困境 ·········· 119
一、本质主义的社会科学观 ·········· 119
二、反本质主义的诘难 ·········· 122

第三节 现象学把握个体性本质的结构和程序 ·········· 124
一、现象学对本质概念的澄清 ·········· 125
二、本质直观 ·········· 127
三、达到个体性本质的步骤 ·········· 133

第四节 作为本质对象的因果性问题 ·········· 136
一、使因果性重返意识领域 ·········· 136
二、因果关系的明证性 ·········· 140
三、因果关系的客观有效性 ·········· 142

第六章 现象学对科学与人性的反思 ·········· 145

第一节 命题反思构成社会科学理论基础 ·········· 145
一、常识与命题反思 ·········· 146
二、命题反思的基本特征 ·········· 147
三、命题反思对科学的奠基作用 ·········· 149

四、哲学反思 ……………………………………………… 150
　第二节　现象学的价值启示 …………………………………… 152
　　一、现象学的价值概念 …………………………………… 152
　　二、理性是自我的基本朝向对象 ………………………… 157
　　三、社会科学理论是自我认定的一个阶段 ……………… 160
　第三节　"正确性的真理"与"显露的真理" ……………… 164
　　一、两种真理的不同与联系 ……………………………… 164
　　二、主体性活动对真理的成就即明见性 ………………… 165
　　三、真理的相对性 ………………………………………… 168

第七章　对可能质疑的回应 ……………………………………… 171
　第一节　现象学介入社会科学的质疑及回应 ………………… 171
　第二节　从技术到社会与人 …………………………………… 174
　　一、人的需求——理解技术的关键 ……………………… 175
　　二、从偶然性技术到技师技术——技术的演变 ………… 178
　　三、大众的反叛——技术的社会影响 …………………… 180

结语 ………………………………………………………………… 185

参考文献 …………………………………………………………… 189

后记 ………………………………………………………………… 199

绪 论

现象学的社会科学哲学是一个既陌生又熟悉的领域。说其陌生，一方面是因为按照惯常的理解，现象学特别是胡塞尔的现象学，与社会科学哲学的联系并不多。另一方面则是到目前为止依然没有关于现象学社会科学哲学的系统研究和相关理论化认识。不过，虽然在社会科学哲学领域中主流还是英美分析哲学，但以现象学方法、现象学态度开展的，关系到社会科学基本问题的研究已经非常普遍。而且现象学对于社会科学的重要影响早已是人所共见，在现象学变化多端的发展中，现象学对社会科学的基本前提、适用方法等提出了自己的看法，并使得人们对社会科学的认识发生了很大的转变。正视现象学对社会科学所带来的这些不论是消极还是积极的影响，是我们直面现代社会科学发展所必需的。

二十世纪中期，以阿尔弗雷德·许茨为代表，学界曾开展过有关现象学对社会科学之意义的研究。但到了二十世纪末，有关现象学与社会科学的关系或者说从现象学出发对社会科学做整体性的研究一度被人们所忽视。这一方面是因为英美分析哲学占据了学术主导地位，另一方面也是因为现象学提出的某些问题已经被社会科学家当作是不言而喻的前提。历史地看，社会科学哲学一直"围绕着社会知识的科学地位"这一核心问题而不断推进，在这个过程中，特别表现为采用自然科学方法来探究社会世界，并以是否采用这一方法作为评判社会科学是否能够获得关于社会世界的科学知识的标准之一。社会科学中的自然主义传统长期支配着社会科学具体学科的发展，社会科学哲学关注的问题也因此一直将社会科学放在与自然科学的比较中，以物理学为代表的自然科学，认为社会科学具有与自然科学相同的基本逻辑特征。科学被认为是对社会现实或自然实在的某一给定领域进行的"中性的"观察研究。科学，不管是社会科学还是自然科学，其终极关怀都是确证普遍的规律。当然也有人认为，人的行为是有意义、有目的的这些基本特性，使社会科学的逻辑形式必然与自然科学有着相当大的差别。在研究人的行为的时候，我们不得不依据行为者力求实现的目的来把握行为的意义。此即社会科学中与自然主义相对立的诠释学传统。诠释学明确拒斥实证主义的主要信条,即社会科学与自然科学的统一,但很明显它所讨论的基本问题还没有摆脱与自然科学做比较的思考模式。

随着研究的深入,社会科学哲学的重心逐渐从自然主义和诠释学的论争中转移到解释为什么会出现这两种如此不同的理解上来。随着人们逐渐重视现象学对科学哲学的重要价值并取得一系列的研究进展,而且认识到现象学能够突破科学哲学所面临的困境或者说至少提供了一种新的视角的时候,大陆哲学特别是现象学又被重新纳入人们的视野,再重新思考现象学对社会科学的意义事实上变得完全必要。现象学自其诞生以来就长期关注着社会科学,到目前更是对社会科学具体学科产生了极大影响,已经促成了现象学社会学、现象学教育学以及现象学心理学等一系列学科的建制与发展。不仅如此,就社会科学的诠释学传统而言,哲学诠释学本身的发展与现象学也是密不可分的,而现象学本身也受到了诠释学特别是狄尔泰诠释学的影响。

我们试图去考察现象学对于社会科学的重要意义、中心问题、合理性及缺陷和现实的影响等等。进一步讲,做这一研究是想回答如下几个问题。

其一,现象学是如何与社会科学产生联系的。尽管现象学作为一种哲学对社会科学的影响已经成为一种事实,但在很多人看来,在胡塞尔那里,现象学关注的核心是超验的领域,表面上看不可能与社会科学发生具体的交集。因此我们有必要对现象学如何与社会科学产生联系进行思考。换句话说,我们要说明为什么现象学对于社会科学的反思是可能的并且是有价值的。

其二,具体说明现象学对社会科学基础问题的反思是如何开展的。一般而言,我们常常用现象学方法指代现象学本身,以至于我们自觉或不自觉地使用现象学方法来确认其是否属于现象学运动。但这绝不意味着"现象学方法"在社会科学中的应用应该被简单地看作是一种方法的使用。而且现象学的反思本身就意味着某种意向性结构,因此,一种现象学的社会科学哲学就有必要说明现象学以什么方式展开。

其三,考察现象学对于社会科学的合理性问题及重要影响。前面已经谈到现象学对社会科学有着一定程度的影响,那么这些影响具体体现在什么地方,又是如何产生这些影响的?只有回答了这些问题,才能明确为什么我们说现象学能够为我们直面现代社会科学发展提供理论支持。

其四,在回答上述问题的基础上,总体性地描述现象学的社会科学哲学的基本观点。

黑格尔曾经说过"哲学史的研究就是哲学本身的研究",他的这一表述将哲学这一学科的基本特点表露无遗,不过如果以此为据,将哲学研究困于对哲学家思想的注释,实则是对黑格尔的重大误解。哲学研究不是要告诉某一位哲学家说过什么,而是要以之为基础,对所要研究的问题提出新的看法和见解。

我们对现象学的研究也同样如此,不能局限于胡塞尔、海德格尔他们说过什么,而要从现象学本身出发,明确什么是现象学,现象学如何能帮助我们在面对当下的社会科学时产生一些新的认识。正如索科拉夫斯基说道:"现象学能够继续对当今的哲学做出重要贡献。它的智力资本远远没有耗尽,它的哲学能量还有很大空间。"①在科学哲学面临困境之时,人们又回到了现象学中来。我们不能肯定地说现象学在科学哲学中可以如何作为,但显然没有疑问的是,它必然能提供一条不同于传统科学哲学路径的解释,或者至少能提出一些新的问题,激发哲学思考。现象学与社会科学的研究早在胡塞尔那里就有所提及,直到许茨那里被提到中心位置。自此,现象学对社会科学就产生了深远的影响,波林·罗斯诺曾讲过"后现代主义像幽灵一样缠绕着当今的社会科学"②,同样的表达也完全适用于现象学和社会科学的关系。

我们在下文中将直接使用现象学百年来发展出来的、更严格地讲就是指胡塞尔发展出来的个性词汇。理由是,一方面现象学中很多词汇有着具体特殊的含义,并已成为现象学的标志,如果贸然去改变可能导致对现象学的理解偏差;另一方面则是现象学在当下的发展以及对社会科学的影响主要就体现在这些词汇上,如意向性、主体间性、直观、生活世界等都已成为具体社会科学领域中的用词。

而我们的内容主要也是根据这些基本概念在现象学中的不同地位来安排的。只有意向性概念的提出才使现象学能够突破近代科学主客二分,现象学介入社会科学才有了优势地位。现象学的时间性是构成对象的形式的可能性条件,对时间的分析是社会科学家进入现象学研究的基本方式。而随着对应于科学世界的生活

---

① 罗伯特·索科拉夫斯基:《现象学导论》,高秉江、张建华译,武汉大学出版社2009年版,第2页。
② 波林·罗斯诺:《后现代主义与社会科学》,张国清译,上海译文出版社1998年版,第1页。

世界概念的提出,自然态度和现象学态度得以区分,才能明确尽管具体科学可以就世界提供一定的认识,但也存在使认识遮蔽的可能,同时也明确了社会科学的现象学提问方式。在对提问方式有足够的反思后,我们进一步追问社会科学的目标到底是什么,现象学则认为对普遍性的追求只是说明了某一类事物的浅层次本质,通过贯穿于现象学分析的三个基本结构可以描述一种现象学的社会科学哲学的基本特点,社会科学在一定层面上对个体性的偏重则有利于对具体事物的确切本质提供真正科学的认识。而这样的社会科学所追求的个性本质是不是与现象学所坚持的理性的真理取向相一致呢?通过对获得真理的意识活动的过程分析能够提供一个正面的回应。

第一章主要解释我们提出如前所述问题的理论渊源。因此,通过对社会科学哲学当今研究现状的简要梳理,回归到一种可以称之为现象学的社会科学哲学文献中去,特别把握为什么我们不是谈论胡塞尔或者海德格尔的现象学,而是直接从现象学精神或现象学态度入手,提供科学性论述,并进而把握问题的重要价值。此外出于现象学这一词汇本身可能带来的困惑,我们对基础概念做出初步限定,保证可以严肃地展开我们的讨论。

第二章主要通过意向性问题说明现象学介入社会科学的合理性。在现象学社会科学哲学中,意向性问题主要涉及两个关键的认识,一方面是主体的地位问题。意向性概念指出我们的任一意识行为总是关于某事物的意识,总是指向某事物的,而且并不只是对对象的复杂多样的显现的指向,更多的是对象同一性的指向,从而突破了笛卡尔式的难题:主体如何认识客体或者说内在心灵如何与外部物理世界相符。另一方面,根据胡塞尔对休谟的批判,意向性还涉及方法的问题,特别是对意向性的自身反思。现象学还具体分析意向性的结构,让我们对现象学本身有一个初步的认识,进而通过对胡塞尔现象学以及生存论现象学的主体概念的论述,说明现象学主体概念对于社会科学的重要意义。想要达到充分的科学性需要回到意向性中具体考察这门科学确立起来的意向性结构。现象学能够使科学回到其起源之处,寻找自身的合理,但现象学绝不会取代它们。

第三章说明时间问题的突破对社会科学的重要意义。时间性问题与社会事实相关联,涉及对传统线性时间认识的转变,特别强调非连续性和不确定性以及多样性的统一。在社会科学中,时间问题在很长的一段时间内是被排除在外的,认为我们总是处在永恒的现在,时间是外在的。正是以此绝对时空为基础,实证主义才将社会事实等同于自然事实,以自然科学为标准衡量社会科学。但事实并不如此,现象学的时间分析对此给予了支持,并从根本上提供了全新的社会时间及社会实在的认识。而我们对于时间现象的认识,恰恰构成了现象学时间观念的基础要素。现象学对时间的描述,是构成对社会现实结构的合理解释的前提条件,一方面说明了我们认识事物的可能性,另一方面则提供了我们开始现象学社会科学哲学研究的逻辑起点。

第四章主要说明现象学以什么样的方式开始对社会科学的哲学反思。首先我们肯定了自然主义传统在社会科学发展过程中的重要作用。但在现象学看来,自然主义的社会科学还存在着种种问题,因此为自然主义奠基的自然态度也就需要过渡到现象学态度中去,这两种态度的转变直接意味着现象学是什么,意味着一种可能的现象学的社会科学哲学是什么,以及现象学以什么样的方式反思社会科学。这是对现象学态度的基本出发点以及社会科学认识结构的反思性回答。现象学社会科学哲学不能不涉及生活世界,因为生活世界这个概念的提出就是对应于科学的。只有在回到生活世界这一原初的自明性领域,才能正确回答二者的关系问题。现象学试图表明各具体科学都是奠基于生活世界的,它是我们的经验的一种高度理想化结果。在这个意义上,社会科学具有比自然科学更为接近经验领域的地位。

第五章则讨论为什么说现象学可以使社会科学个体性本质得到显现。个体性本质问题最重要的就是要解释社会科学规律的相关问题,包括社会事实有没有规律,如何形成对规律的科学性认识,规律与个体性的关系问题,等等。如海德格尔一直所坚持的那样,历史性认识在构成认识可能性的同时也遮蔽了对象。本质概念在历史中发生多次的意义转变,在这样的历史中,本质自身含义被遮蔽,以致本质作为普遍性是不言而喻的。而长期以来,特别以逻辑实证主义为代表一直以物理学等自然科学为榜样坚持对普遍规律的追寻,这种坚持在现象学看来并没有抓住问题的核心。特别是胡塞尔,他认为在科学领域内寻找科学自身的合法性显然是不合适的,因此他区分了个体本质和普遍本质,认为纯粹现象学把握的是普遍的本质,也只有纯粹的现象学才能为科学奠基。但胡塞尔同时认为科学性不仅仅包括基础的科学性,应当还包括方法以及目标等各个方面的科学性。因此或许有一种理解途径,那就是本质作为一事物为其自身的原因并不能在普遍规律中得到完整的显现,只有在普遍规律的基础上回复到个体,才能实现对本质的把握。也就是说,对个体性本质的探讨有助于深入认识社会科学的科学性问题,因此它构成了现象学社会科学哲学的关键问题之一。

第六章详细考察了社会科学的真理和价值概念,以命题反思和哲学反思为中介,进一步回应了社会科学如何从常识中被独立出来,说明了社会科学在人类认识层次中所处的位置。通过传统价值中立的说明,指出它们所存在的问题,并以现象学态度下价值概念的澄清为基础,点明了社会科学作为人类自我实现的某个阶段,展现出现象学的价值概念对理性生活的规范。现象学通过对正确性真理和显露的真理的区分,为社会科学的真理观的改变提供了充足的说明。而主体对真理把握的可能性和现实性则为人们贯彻现象学态度,以批判的精神面对现实生活提供了动力。

第七章则回应可能的质疑,借助奥尔特加20世纪对技术的分析,指出当今社会正如奥尔特加所言,是典型的大众社会。奥尔特加对社会乃至人的判断本身就是现象学立场上的判断。更重要的还在于他的认识作为一种事实的抽象,迫使我们不得不进而回应为什么一种高度科学化、技术化的社会越加需要将社会科学回到生活世界,回到自我的建构中。

最后,通过与实证主义和批判主义的简要比较特别突出地展现现象学的优势所在。实证主义坚持认识的经验立场,试图将数学实验方法推广到认识所及的一切范围,却导致其过度夸大一种自然科学式的科学模式,某种意义上使得社会科学失去其合法性地位。批判主义在强调社会建构的基础上,特别提出社会的批判和人的解放的问题,但法兰克福学派将对社会的批判转为意识的批判本身已经说明他们面临的困境。比较之下,现象学以超越性的态度将不论是经验立场还是社会建构,抑或数学实验方法及批判方法都囊括其中,指出对社会科学的认识首先不是坚持某种理论立场的问题,而是回归社会科学实践的问题,从社会科学的实事出发来认识社会科学。

现象学作为20个世纪欧洲大陆的主要哲学思潮,它对西方现代文化产生了深远的影响,以至于人们不得不承认脱离了现象学来理解现代西方文化是不可能的。自胡塞尔的超验现象学以来,众多现象学家如海德格尔、舍勒、利科、许茨、梅洛-庞蒂等人都在对胡塞尔现象学继承和发展的基础上取得了令人瞩目的成就。他们以现象学为基础对科学包括社会科学所做的哲学反思形成了科学哲学中的大陆哲学传统。当下,这一传统得到了学界的广泛关注,现象学的科学哲学成为西方和我国学界共同重视的科学哲学的突破口。我们开展现象学与社会科学这样的研究并回答如上所提出问题具有重要理论的意义。当下科学哲学正处在一个发展的十字路口,是坚持一直以来占据优势地位的英美分析哲学路径还是发展以现象学等为代表的大陆哲学路径成为学界不断考虑的重要问题。西方和我国的学者已经开创发展如诠释学的现象学科学哲学这样的新视域,进一步拓展这些工作将研究领域扩展到社会科学哲学具有重大价值。社会科学的发展现状迫切要求取得基本假设方面的重大进展。长期以来自然科学与社会科学的"理解和解释"之争揭示了二者在方法论的不同,也反映了更深层次的基本假设的不同。社会科学的发展是否一定得依照自然科学的模式?一些现象学家试图把自己的观点渗入社会科学基本假设中,而部分社会科学家也试图在相反方向上取得进展,但还没有形成比较专门性的体系,因此,对之进行系统的研究是必要的和有重要学术价值的。

第一章 现象学社会科学哲学研究现状及概念基础

现象学社会科学哲学研究有特殊的理论价值,那么它在当今社会科学哲学领域中到底占有什么样的地位,是我们首先需要说明的。这也是对绪论中所提出问题的理论基础的说明。此外,一种现象学的社会科学哲学需要高度依赖学界已有的研究成果,那么前人在哪些方面取得进展以及如何做出重大贡献,包括如果开始现象学的研究,是否需要对一个人们通常认为"不可对话"的现象学做初步说明,都应该在研究之前得到基本说明。

第一节 社会科学哲学发展概述

长期以来,社会科学哲学围绕着社会知识的科学性地位而展开研究,但也正因为如此,人们一度认为社会科学哲学与科学哲学相比,远远没有体现出一种理论的进步,亚历克斯·罗森堡就曾对此问题做出过分析。① 然而,事实并不如此,特别是进入二十一世纪以来,社会科学哲学的提问方式发生了很多改变,展现出许多不同于以往的特征,也因此让我们看到了社会科学哲学一直以来不断地进步发展,如南希·卡特赖特等主编的《社会科学哲学》②一书开篇就指出在过去十多年里,随着一大批新兴主题的出现,社会科学哲学发生了很大转变,成为富有生机的研究领域。丹尼尔·斯蒂尔和弗朗西斯科·瓜拉则在《社会科学哲学读本》③一书中也表达了同样的认识,认为在过去的十多年时间里,社会科学哲学发生了很大变化。

---

① W. H. 牛顿-史密斯:《科学哲学指南》,成素梅,殷杰译,上海科技教育出版社 2006 年版,第 545 页。

② Nancy Cartwright, Elenonra Montuschi. *Philosophy of Social Science: a New Introduction*. Oxford University Press, 2014.

③ Daniel Steel, Francesco Guala. *The Philosophy of Social Science Reader*. Routledge, 2011.

新近出版的关于社会科学哲学的一些著作从不同的方面描述了这些变化,揭示了社会科学哲学的最新发展。南希·卡特赖特等主编的《社会科学哲学》一书中描述了近十年以来社会科学哲学领域的四个变化:第一,理性选择理论从经济学领域扩展到整个社会科学领域;第二,社会科学中的价值概念得到了相对更为理智的理解;第三,社会科学内部具体学科的哲学得到了深入探析和扩展;第四,作为科学哲学难题的客观性问题有了某种程度的突破。

马克·瑞斯乔德在《社会科学哲学》一书中,则从规范性、自然主义和还原论三个方面描述了社会科学哲学新的发展。"规范性问题关注价值在社会科学研究中的地位。因为社会科学和相关社会政策联系密切,所以社会科学就是客观的吗?同时,社会科学为人类社会中价值、规则和规范的起源和功能建立了理论,从而触碰到伦理学的基础。自然主义问题关注自然科学和社会科学的关系。社会科学一定要效仿自然科学中的成功方法吗?还是说,人类社会维度需要独特的方法或不同的理论呢?还原论问题探讨的是,社会结构如何与其组成个体相关联。教会拥有控制信徒的因果力吗?能否依据个体的信念、目标和选择,来说明所有社会层级之间的相互关系?"①不难发现,社会科学哲学的这三个"特有主题",实际上严格来讲,很难称之为特有。但无论如何,它们确实构成了社会科学哲学的基本问题,一直被人们探讨。而且对这些问题的不同回应,也构成了社会科学哲学的几大传统和路径。

我们则试图从社会科学哲学的几个代表性传统出发,来理解这些新的变化。在社会科学哲学中大概可以有如下五个传统:实证主义传统、诠释学传统、分析哲学传统、现象学传统以及马克思主义传统。不得不承认的是,从五大传统来看社会科学哲学的发展概况是有一定困难的,特别是发展到今天,五大传统可以说互相之间并没有明确的界限,甚至在某种程度上是主动交缠在一起的。但这样的考察有一个不容忽视的优点就是能够清晰明了地对社会科学哲学的整体发展状况和逻辑线索有较好的理解。

一、实证主义

社会科学哲学的早期争论正是由实证主义所引起的。所谓社会科学哲学的实

---

① Mark Risjord. *Philosophy of Social Science:a Contemporary Introduction*. Routledge,2014.(参见中文版《当代社会科学哲学导论》,殷杰,郭亚茹,申晓旭译,科学出版社 2018 年版,第 1 页)

证主义传统至少可以从孔德算起,其后有密尔、涂尔干(又译迪尔凯姆)等代表人物以及逻辑实证主义者等。孔德明确地将人的研究、社会的研究作为他的哲学研究的重要内容。在孔德看来,对人本身的研究及社会研究就应该类似于自然科学的研究,将其作为外在世界的一部分即同是自然的一部分,因此强调将社会现象的研究以类似物理学、化学的方式进行重建,这也构成了他所认为的实证哲学的重要部分。但无论如何孔德这里的社会研究还更多地倾向于思辨。他这一实证主义思想得到了斯宾塞等人的贯彻发展。在十九世纪的实证主义传统中,密尔是不容忽视的代表人物,密尔高度评价了孔德的工作,认为孔德开创了对社会现象的实证分析。密尔认为,尽管社会现象表现出相对的复杂性,但归根结底"服从于个人人性的规律",完全有可能获得关于社会现象的普遍规律。涂尔干同样坚持了这一传统,认为应该用研究自然科学的方法来研究社会科学,这是保证社会科学作为科学的条件。但与密尔不同,涂尔干认为社会中的个体的行为难以避免地具有不可预测性,而作为整体的社会事实、集体意识是具有规则的,也是我们可以把握的。进入二十世纪的实证主义的典型代表非逻辑实证主义莫属,但这同时也很明显体现出实证主义所面临的困难。以纽拉特、鲁德纳、亨普尔为代表,他们关注的是"逻辑形式能够决定科学是什么,而且这一形式的问题本身无须另一种,或其他科学对其进行考察"[①]。但这样一来社会科学哲学内在地成为科学哲学的内部问题。而随着他们理论本身的困境,这类问题逐渐走向更为宏观的领域。社会科学哲学的问题到了今天,不论是来自哪一传统,都不得不走向对于理论之间争论的考虑,也就是说,问题不再是直接指向如早期实证主义者面对的社会事实、规律或解释等其他相关问题,而是如实证主义与诠释学传统或者分析哲学传统等的差异是如何产生的。

二、诠释学

彼得·温奇在实证主义依然兴盛并占据学界主流的情况下,借助维特根斯坦后期哲学,批判实证主义的社会科学观,在英美哲学领域第一次走向了诠释学的社会科学哲学路径。

[①] 《爱思唯尔科学哲学手册》(人类学与社会学哲学卷),尤洋译,北京师范大学出版社2015年版,第841页。

事实上,诠释学传统构成了社会科学哲学中和实证主义相对立的历史最为悠久的研究路径。"在实证主义将特定的科学形式概念奉为神圣的情况下,解释性学派坚持着相反的观点,因为他们挑战着实证主义者对自然科学需求的特征定义——将意义理解为非自然概念。"①在某种意义上,诠释学传统可以上溯到古希腊时期,不过真正意义上的社会科学哲学研究从狄尔泰开始应该是比较恰当的。狄尔泰第一次从哲学角度分析了精神科学与自然科学本质上的不同,他不仅如维科等人一样指出了以物理学为代表的自然科学方法不能适用于精神科学研究,更首次提出精神科学的方法只能是理解。狄尔泰对理解作为精神科学方法的论述的影响是不言而喻的,甚至可以说狄尔泰与理解概念已经是不能分割了,谈到狄尔泰必谈理解,谈到理解也必然要谈到狄尔泰。二十世纪以来,诠释学发生重大转变,其中海德格尔、加达默尔(又译加达默尔)和利科是核心人物,在海德格尔的诠释学本体论转向下,他们重新考察社会科学的本体论基础,就人的存在与科学之间的关联进行了深入探讨。这不仅解决了围绕诠释学社会科学观发展的"诠释学循环"的难题,而且使诠释学的社会科学观获得了新的哲学视域。到二十世纪下半叶,在与分析哲学的对话中,诠释学走向了更为宽广的领域,内部出现了众多不同研究倾向和派别,如实用主义诠释学、先验诠释学、系谱学诠释学、激进诠释学等,以罗蒂、阿佩尔、大卫·霍伊、卡普托、G. 瓦提莫为代表。总体而言,从内部理解而不是从外部解释构成了诠释学传统的核心思想,也是我们理解诠释学社会科学观念的关键,同时它也是社会科学哲学中现象学传统与诠释学传统密切相关的原因之一。

三、分析哲学

就社会科学哲学发展历史而言,十九世纪末二十世纪初分析哲学传统倒像是最晚兴起的一个传统,毕竟分析哲学本身的出现就是很晚近的事情。托马斯·尤贝尔就认为"分析哲学通常是以反对这种学说(现象学)为基础而展开论战的"。由此从时间上来看,显然分析哲学对社会科学的介入是很晚的事了。在与实证主义的联系中也特别能体现这一点,在二十世纪初期,逻辑实证主义的出现标志着社会科学哲学中,实证主义传统和分析哲学传统出现了交叉。分析哲学传统下,代表人

---

① 《爱思唯尔科学哲学手册》(人类学与社会学哲学卷),尤洋译,北京师范大学出版社 2015 年版,第 840 页。

物包括纽拉特、卡尔·门格尔、卡尔·波普、内格尔、亨普尔、齐塞尔、考夫曼、戴维森、塞尔等人。分析哲学早期，认为"哲学的主要任务应当是对语言意义的澄清，哲学研究的主要方法应当是对概念(语词)意义进行逻辑分析"①。表现出与传统的界限分明的决裂。晚近的分析哲学则表现出返回传统哲学的某种认识，用分析哲学的方式加强了形而上学问题的探究。塞尔是社会科学分析哲学研究不得不提的关键人物。塞尔的《社会实在的建构》一书"把语言哲学和心灵哲学的研究成果运用于解释社会现象，试图在社会哲学和政治哲学中寻找一条更为科学和客观的研究途径"。②塞尔认为，社会科学的哲学研究将是二十一世纪重要的研究领域，社会科学哲学与社会哲学某种程度上是一致的，都是关于"社会现实的本体论"。托马斯·尤贝尔曾对二十世纪分析传统中的社会科学哲学做过梳理，特别突出了在分析传统中表现出的社会科学哲学问题的多元化，如我们前面在诠释学传统中看到的不同派别之间的一种结合。此外，他还特别提到了社会科学哲学的政治维度，而这一点也是马克思主义传统所特别重视的。

四、西方马克思主义

马丁·霍利斯在《社会科学哲学》一书中开篇就以马克思和密尔做对比，从功能和结构或者个体论和整体论角度描述了马克思的基本立场。但社会科学哲学中的马克思主义传统远不止如此简单。"无论就实在论而言还是就方法论而言，马克思主义的社会科学都深刻地影响了一般的社会科学和总体的科学哲学，从而使得'我们现在都是马克思主义者了'这样的话语简直是不言而喻的了。"③马克思在世时，他对社会科学的认识就被高度政治化了，当然这并不妨碍随着马克思主义的不断发展，在政治化的同时，马克思主义的社会科学观念在学术性方面的发展也取得了重大进步。总体而言，马克思坚持从发展的角度以社会物质条件作为基础试图实现人的解放。换句话说，意义的理解是以现实的生产为前提的。但马克思之后，人们对他的理解出现了分化，马克思主义不仅受到了外部其他学派的批评，在马克思主义内部也出现众多不同的声音，其中法兰克福学派就很有代表性，其中尤以马

---

① 叶秀山，王树人：《西方哲学史(学术版)》第八卷上，人民出版社2011年版，第1页。
② 叶秀山，王树人：《西方哲学史(学术版)》第八卷下，人民出版社2011年版，第979页。
③ 西奥多·M.波特，多萝西·罗斯：《剑桥科学史》(现代社会科学卷)，王维，等译，大象出版社2008年版，第155页。

尔库塞、霍克海默、阿多诺以及阿尔都塞为主。他们结合结构主义、诠释学等学派的观点,实际上将马克思主义的社会科学观"消融于政治化了的文化研究领域和政治化了的'新社会运动'中了"①。立场论的女性主义者也接受了马克思主义的观念,认为男性和女性的社会关系在很多重要方面都类似于工人和老板的关系,以此为基础才引出他们关于知识与权力等的认识。

在笔者看来,吉尔德·德兰逊在《社会科学》一书中对马克思的社会科学基本属性的认识还是比较全面的:批判、解放、辩证、历史相对论和绝对论。但他在四个方面的描述还远远不够,应该从马克思哲学的哲学前提和哲学主题出发来对马克思的社会科学观念作出深刻的理解。②

五、现象学

现象学传统与解释学传统密切相关,不仅仅在于两大传统中主要代表人物之间的相互影响如狄尔泰和胡塞尔,更在于二十世纪以来解释学如何从现象学中获得养分实现本体论的转变。但自胡塞尔以来,现象学介入社会科学使得对社会科学的理解展现出独特的一面,由此我们也认为现象学可以也应该单独作为一种社会科学哲学的传统而得到表述。具体而言,一种现象学的社会科学哲学必然要从胡塞尔谈起。尽管以往我们强调了胡塞尔现象学的先验性,而认为胡塞尔的研究与社会科学哲学是远离的,但随着对胡塞尔研究的深入以及对社会科学哲学的现象学路径的不断深化,我们发现事实并不如此简单。胡塞尔在《纯粹现象学通论》第二卷、第三卷中,高度突出了对自我的现象学分析,某种程度上使得精神科学较自然科学更为接近他所追求的那种严格的科学。随后,海德格尔、舍勒等人在胡塞尔现象学的基础上,不断将一种对社会现象的现象学分析扩展开来,一直到许茨以后,真正意义上现象学社会科学哲学得到了确立。许茨在以现象学为手段为马克斯·韦伯的社会科学论证的基础上,初步构建出现象学社会科学哲学的大概框架。许茨之后,其学生如莫里斯·纳坦森、彼得·伯格、托马斯·卢克曼等人进一步发展了他的思想,不仅仅开拓了社会科学哲学的研究领域,对社会科学的发展也产生

---

① 西奥多·M.波特,多萝西·罗斯:《剑桥科学史》(现代社会科学卷),王维,等译,大象出版社2008年版,第70页。

② 曹志平:《马克思科学哲学论纲》,社会科学文献出版社2007年版,第231-246页。

了具体而重大的影响,如现象学社会学的出现等。一些社会科学家也深受现象学影响,如皮埃尔·布尔迪厄、吉登斯、加芬克尔、格尔茨等人,都在著作中直截了当地表明受到过现象学影响或直接就是以现象学为基础开展相应的研究。如果说以许茨为代表的现象学家更多地关注对社会科学的整体性理解,那么布尔迪厄等社会科学家则更多地倾向于采用现象学的某些概念对社会、行动、意义等展开更为具体的分析研究,他们普遍更为关注日常生活的情景。布莱恩·费伊对现象学的社会科学哲学路径做过一番梳理,在他看来,现象学早期对意识的探究多少有些太过抽象,这是后期人们转向具体社会情境解释的直接原因,也导致最终现象学"让步于意识形态批判"。布莱恩·费伊在书中还就现象学与社会科学研究的相关作者和成果做了简要介绍,对我们了解社会科学哲学的现象学传统极具参考价值。

以上从社会科学哲学五个传统方面对其发展做了简要介绍,到今天为止,社会科学哲学在国外已经发展成为一个稳定的学科,有学科自身的研究领域,有相应的研究组织和刊物。但从国内来看,社会科学哲学的研究还远没有得到展开,而出于其理论和实践的重要价值,开展相关研究十分必要。因此本书特别立足于现象学基本立场,试图就现象学的社会科学哲学提出有价值的系统性认识。

第二节 现象学社会科学哲学文献说明

我们对现象学的社会科学哲学的研究,如彼得·温奇的《社会科学的观念及其与哲学的关系》[1]、波林·罗斯诺的《后现代主义与社会科学》[2],是一种哲学分析,因为我们所提供的是现象学态度下对社会科学的基本前提如客观性、本质、真理、价值等概念的反思,是对科学观的再认识。我们所讲的现象学的社会科学哲学,简单而言,就是以现象学的理论与方法对社会科学进行研究而形成的关于社会科学的理论或观点。这样一来,我们需首先涉及的文献便是现象学家的经典著述。

一、现象学经典文献

众所周知,当代意义上的现象学从胡塞尔开始,胡塞尔对科学的论述很多,需

---

[1] 彼得·温奇:《社会科学的观念及其与哲学的关系》,张庆熊,等译,上海人民出版社2004年版。
[2] 波林·罗斯诺:《后现代主义与社会科学》,张国清译,上海译文出版社1998年版。

第一章 现象学社会科学哲学研究现状及概念基础

要注意区分他对科学的论述是作为一种系统知识理论的科学还是以物理学为代表的实证的自然科学。在胡塞尔看来,科学不能在科学自身当中找到合法性,而哲学直至当下还缺乏严格的科学性,因此他一方面批判自然主义哲学,认为自然主义尽管以严格科学为己任,但实则背离了这一目标;另一方面,他也批判历史主义,指出历史主义最终将倾向怀疑论。胡塞尔认为只有现象学才能够成为走向严格科学性的基本途径。从表面上看,胡塞尔所关注的是超验的领域,这个领域与具体科学关注的物质世界具有根本区别,因此现象学与具体科学是远离的。但事实是,正是在胡塞尔这里,形成了批判自然主义科学观的现象学态度,其基本概念成为当下科学哲学的中心话题。因此库尔特·沃尔夫认为:"胡塞尔的方法给希望进行解释与理解的社会科学提供了基础,把它从自然科学和人文科学之间尴尬的关系中解放出来……其次,胡塞尔关于知识构成的概念引起了对于所有知识的社会构成及其精确的哲学起源的重视。"①胡塞尔尽管没有就社会科学展开论述,但他早就看到现象学进入社会科学一方面是对社会科学基础的夯实,另一方面也是现象学在一个新的课题的运用,他在《现象学的构成研究》②和《现象学和科学基础》③中对自然科学、精神科学以及本体论等论述对我们开展社会科学哲学研究具有重要价值,因此可以说胡塞尔的研究已经内在地揭示了社会科学哲学的现象学路径。米歇尔·巴伯在为《现象学手册》④撰写的"社会科学"条目中,就概述性地说明了从胡塞尔开始,包括海德格尔、利科,以及特别是许茨在社会科学的现象学路径的努力,还特别介绍了胡塞尔和斯泰因在移情问题上的研究和社会科学的关联。

与胡塞尔同时代的舍勒看到了胡塞尔现象学所内含的对社会科学以及人文学科的重要价值。因此如施太格穆勒⑤和加达默尔⑥所言,舍勒特别重视现象学方法在具体学科的应用,他在道德、宗教、教育、政治等这些人类文化领域中对现象学主

---

① Kurt H Wolff. *Alfred Schutz: Appraisals and Developments*. Martinus Nijhoff Publishers, 1984, p72.
② 胡塞尔:《现象学的构成研究》,李幼蒸译,中国人民大学出版社 2013 年版。
③ 胡塞尔:《现象学和科学基础》,李幼蒸译,中国人民大学出版社 2013 年版。
④ Sebastian Luft, Soren Overgaard. *The Routledge Companion to Phenomenology*. Routledge, 2012, p633-643.
⑤ 施太格缪勒:《当代哲学主流》(上卷),王炳文,等译,商务印书馆 1986 年版,第 130 页。
⑥ 加达默尔:《哲学解释学》,夏镇平,等译,上海译文出版社 2004 年版,第 132 页。

旨的实施和对现象学方法的应用十分广泛,在生物学、心理学以及社会学等学科均留下了宝贵遗产。舍勒的研究一定程度上扩展了现象学进入社会科学哲学的可能范围。但正是在将现象学推及其他众多学科这一点上胡塞尔对舍勒很是不满。舍勒对于人类作为一个精神个体的分析"在本质上接近行动者真实的情景",他的观点一定程度上为阿尔弗雷德·许茨开始现象学与社会科学的研究提供了基本立场和重要方法。

海德格尔和梅洛-庞蒂则从不同的角度看到了胡塞尔的局限,因此海德格尔"把先前胡塞尔反历史主义的现象学颠倒",十分重视在历史性中探讨所涉及的问题。在海德格尔这里,现象学的研究对象不再是意识而是存在,"现象学被带回到由与其环境发生相互作用的能动存在所构成的真实世界"①。海德格尔一定程度上认为今日我们自认为是对事物本身的认识实则就是科学的认识,科学使我们脱离了事物本身,只有现象学的方法才能让我们摆脱这一限制,返回实事本身。海德格尔对科学的分析也成为当下科学哲学领域的热门话题。在海德格尔之后,梅洛-庞蒂认为知觉是主动的,是向真实世界即"生活世界"的原初开启。他认识到许多现象都不能以纳入"思与所思"的框架,尤其是身体、主观时间、他者等现象,所以反对所有意识都是对某物的意识,提出"所有意识都是知觉意识",一切都以知觉为先来重新考量。梅洛-庞蒂对心理学的工作表现出相当的关注,同时大部分心理学历史的专家都认为他的工作对这个学科的研究产生了切实的影响。他的《行为的结构》②直接探讨了当时相当大范围的心理学实验研究,另外梅洛-庞蒂讨论了社会学与人类学研究的本质,他关于知觉优先的论证创立了对于主体间性的一个全新认识,对现象学社会学工作中关于意向性的研究有相当的启发作用。

二、许茨及其后社会科学的现象学分析

二十世纪三十年代,许茨在《社会实在问题》③中,第一次直接提出现象学社会科学哲学的研究,分析了社会科学的独特地位以及社会科学的基础概念以及它的方法论等问题。许茨指出,韦伯的社会学研究途径尽管是正确的但却缺乏足够的

---

① 斯蒂芬·P.特纳,保罗·A.罗思:《社会科学哲学》,杨富斌译,中国人民大学出版社2009年版,第49页。
② 梅洛-庞蒂:《行为的结构》,杨大春、张尧均译,商务印书馆2010年版。
③ 阿尔弗雷德·许茨:《社会实在问题》,霍桂桓译,浙江大学出版社2011年版。

第一章　现象学社会科学哲学研究现状及概念基础

哲学基础。因此他试图以现象学为原则为韦伯的社会学做出哲学奠基。许茨在为韦伯的社会学寻求基础上,以胡塞尔晚期思想特别是关于"生活世界"和"主体间性"的阐述为出发点开展自己的研究,试图"追溯社会科学的根底,直指意识生活的基本事实"①,确保社会科学有一个坚实的哲学基础。许茨从现象学立场出发,开展的为社会科学奠基以及说明现象学对社会科学的影响等工作,为社会科学的理论基础研究开启了一个新的方向,把现象学从胡塞尔的超越领域带入到人类生活的现实世界中来。

沿着许茨开辟的道路,他的两位学生莫里斯·纳坦森和莱斯特·恩布里编著的关于现象学社会科学哲学的相应著作,引发了人们对此研究的热议。差不多同时莫里斯·罗奇的《现象学、语言和社会科学》②和约瑟夫·宾的《现象学和社会科学:一种对话》③等书的出版也引起了大量的讨论。莫里斯·纳坦森编有《现象学和社会科学》④一书共两卷,介绍了各具体社会科学中现象学的发展,以及现象学一些基本概念在社会科学具体学科中的使用。莱斯特·恩布里批判性地继承了许茨和古尔维奇的思想,基于对"构成现象学"和"生活世界"概念的分析,反驳了许茨提出的"自然态度的悬置"方法,主张社会科学的可能性和完整性根植于个人与生活世界的交会,强调社会科学的意义在境域中得以显现和解释。并且他还运用其理论对心理学、政治学、经济学、认知科学、考古学等学科进行了更为细致的分析。在其为《现象学百科全书》⑤撰写的"人文科学"条目中,不仅介绍了现象学的人文科学渊源,还就所涉及的主要观点做了描述,指出现象学的哲学与现象学的人文科学是难以有明确界限的。

伯恩斯坦在《社会政治理论的重构》一书中也明确将现象学路径作为与实证主义和社会批判理论并列的一条路径。他特别指出,"胡塞尔在逻辑实证主义与分析

---

① 阿尔弗雷德·许茨:《社会世界的现象学》,卢岚兰译,久大文化股份有限公司1991年版,序言。注:本文献作者原译为"亚佛烈德·舒兹",实际与"阿尔弗雷德·许茨"为同一人,此处为了全书人名的统一而使用"阿尔弗雷德·许茨",本书此条文献均按此处理。

② Maurice Roche. *Phenomenology, Language and The Social Sciences*. Routledge & Kegan Paul Ltd,1973.

③ Joseph Bien(eds). *Phenomenology and the Social Sciences: A Dialogue*. Martinus Nijhoff Publishers, 1978.

④ Maurice Natanson(eds). *Phenomenology and the Social Sciences*. Northwestern University Press,1973.

⑤ Lester Embree (eds). *Encyclopedia of phenomenology*. Kluwer Academic Publishers,1997,p315 - 320.

哲学兴起之前的论述,改造了当代的思想。而他对现代自然主义的基础和方向亦有深刻的认识。他关切此基础,并予以彻底批判。因此胡塞尔与塞拉斯的比较,可以帮助我们厘清两种'在世之人'的看法。这两种看法已经塑造了当代的思想,并反映在适当地研究人的两种对立概念上"①。吉登斯在《社会学方法的新规则:一种对解释社会学的建设性批判》中也将现象学作为一个重要传统来认识,他还简要地梳理了现象学传统的具体发展。吉登斯指出,现象学一定程度上介于诠释学传统和受后期维特根斯坦思想影响的特别以温奇为代表的思潮之间,"它们之间的复杂联系可以概述如下。许茨的著作在很大程度上利用了胡塞尔的著作。但是,许茨也将胡塞尔和韦伯结合在一起,并因此间接地与人文学科的传统联系在一起。随后,加芬克尔的思想又背离了许茨,并将许茨的思想与维特根斯坦和奥斯汀的观点联系在一起。维特根斯坦的《哲学研究》(*Philosophical Investigation*)极大地促发了温奇的写作:正如下面将提到的某些学者所指温奇的观点与当代解释哲学的先锋人物加达默尔(Gadamer)的观点之间有着明显的相似性。而加达默尔的思想本身又受到以海德格尔(Heidegger)为代表的现象学传统分支的深刻影响"②。在2003年出版的《社会科学哲学》③一书中,布赖恩·费伊所撰写的"现象学与社会研究——从意识到文化批判",从描述超验实体到对虚假意识的批判等五个方面对现象学做了历史性论述,展现了社会研究中独特的现象学视角。

三、国内相关研究

国内对现象学的研究可以追溯到二十世纪二三十年代,其后一直到八十年代,均有零散的文章发表。直到九十年代,随着一批现象学经典著作中译本的问世,现象学的相关研究才逐步丰富起来,也出现了关于现象学科学哲学的研究。2000年以后,现象学科学哲学的研究可以说有了大踏步的前进。张世英、倪梁康等人在论述现象学本身特别是胡塞尔的现象学时对社会科学有所涉及,如张世英认为"从自

---

① R. 伯恩斯坦:《社会政治理论的重构》,黄瑞祺译,译林出版社2008年版,第151页。
② 吉登斯:《社会学方法的新规则:一种对解释社会学的建设性批判》,田佑中,刘江涛译,社会科学文献出版社2013年版,第87-88页。
③ 斯蒂芬·P. 特纳,保罗·A. 罗思主编:《社会科学哲学》,杨富斌译,中国人民大学出版社2009版。

然物到文化物是一个由以普遍性为本质到以个体性为本质的转化过程"①。刘大椿和刘永谋《思想的攻防:另类科学哲学的兴起和演化》②一书从海德格尔、福柯等人的观点出发,认为他们对科学的反思形成了传统科学哲学的重要补充,主张用多元、理性、宽容的态度对待科学。吴国盛的《第二种科学哲学》③一文认为欧洲大陆以现象学为背景的众多哲学理论构成了科学哲学不同于英美分析哲学体系的第二种科学哲学的思想来源,而其《走向现象学的科学哲学》④一文则描述了第二种科学哲学的问题域。李章印的《现象学科学哲学的兴起》⑤认为以海德格尔为代表的生存论方法能使科学作为人的生存方式按其自身显示的方式显示出来。洪晓楠的《第二种科学哲学》⑥一书则针对传统科学哲学,介绍了包括现象学、后现代主义等众多不同的科学反思模式。曹志平 2010 年主持国家社科基金项目"当代西方诠释学的现象学科学哲学研究",开展了诠释学的现象学科学哲学研究,发表了《论劳斯的"实践诠释学"科学观》⑦《希兰的知觉诠释学-现象学》⑧等文章数篇,对二十世纪八十年代末九十年代初在欧洲和美国兴起的,以现象学和诠释学作为理解科学的理论基础的科学哲学派别做了深入的探讨。

张庆熊的《社会科学的哲学:实证主义、诠释学和维特根斯坦的转型》⑨围绕方法论展开社会科学哲学的讨论,对现象学有所涉及。霍桂恒翻译了许茨的多部主要著作,并探讨许茨的现象学社会学研究,发表了《诉诸过程和建构的社会世界研究》等文。刘剑涛的《现象学与日常生活世界的社会科学》一书则与本书有较多共通性认识,认为许茨是现象学的社会科学哲学的一个关键人物,"许多社会科学家受许茨启发或影响,以现象学方法从事研究,从而形成了当代社会科学中所谓的现

---

① 张世英:《本质的双重含义:自然科学与人文科学——黑格尔、狄尔泰、胡塞尔之间的一点链接》,《北京大学学报》(哲学社会科学版)2007 年,第 6 期。
② 刘大椿,刘永谋:《思想的攻防:另类科学哲学的兴起和演化》,中国人民大学出版社 2010 年版。
③ 参见吴国盛编:《自然哲学》(第 2 辑),中国社会科学出版社 1996 年版。
④ 吴国盛:《走向现象学的科学哲学》,《中国现象学与哲学评论》(第十二辑)2012 年,第 15-26 页。
⑤ 李章印:《现象学科学哲学的兴起》,《山东科技大学学报》(社会科学版)2010 年,第 3 期。
⑥ 洪晓楠:《第二种科学哲学》,人民出版社 2009 年版。
⑦ 曹志平,文祥:《论劳斯的"实践诠释学"科学观》,《厦门大学学报》(哲学社会科学版)2010 年,第 5 期。
⑧ 曹志平,闫明杰:《希兰的知觉诠释学-现象学》,《自然辩证法通讯》2011 年,第 3 期。
⑨ 张庆熊:《社会科学的哲学:实证主义、诠释学和维特根斯坦的转型》,复旦大学出版社 2010 年版。

象学的社会科学一派(但不是严格意义上的学派)"①。该书还指出,"从哲学视角而言,在社会科学的整个机制中,日常生活世界具有元地位,是社会科学的自我实现之所。同时,社会科学又对日常生活世界有塑造之功,这不仅因为它本身就是一种社会实在,而且因为它对现实有理论指导作用。社会科学是人类理性产物,是依照科学原则和程序建立的理性系统"②。这一观点也都与本书观点相类似。殷杰2017年出版专著《当代社会科学哲学:理论建构与多元维度》,该书细致梳理了国内外社会科学哲学相关研究成果,提出了走向自然主义的社会科学哲学,"将当代社会科学哲学定位于走向了自然主义并有所发展的总体研究趋势。这种定位一方面为当代社会科学哲学找到一种立足于自然主义,来审视其发展的研究进路与思维模式;另一方面为改变传统社会科学哲学的研究内容与方式,以及对社会科学的科学理性之本质的理解提供了一个统一框架"③。殷杰教授还主编了科学出版社出版的"社会科学哲学译丛",目前已出版多部图书,如《社会科学的兴起(1642—1792)》④《社会科学的对象》⑤《在社会科学中发现哲学》⑥《社会科学哲学:导论》⑦等。黄徐平则在讨论胡塞尔现象学对许茨等人的社会学理论的影响中,指出"这种社会学效应,并不仅仅局限于'主体间性''生活世界'等几个有限的概念中,也不仅仅局限于许茨、哈贝马斯等几位有限的学者,它更多是全新研究领域的开拓,研究方法的创新与思维方式的改变,而且这种效应并没有停止,而是随时准备着在新创的理论中获得重新的诠释与充实"⑧。吕炳强曾"详细描述了一个由现象学家们和社会学家们在过往百年里所构想的众多理论建构形成的光谱"⑨。李侠"通过现象学的视角对科学主义的理论与方法进行了详细的对比研究,揭示出科学主义自身存在的问题与局限,同时也对自然主义和实证主义的哲学观进行了批判"⑩。李朝

---

① 刘剑涛:《现象学与日常生活世界的社会科学》,上海三联书店2017年版,前言。
② 刘剑涛:《现象学与日常生活世界的社会科学》,上海三联书店2017年版,第180页。
③ 殷杰:《当代社会科学哲学:理论建构与多元维度》,北京师范大学出版社2017年版,第404页。
④ 理查德·奥尔森:《社会科学的兴起(1642—1972)》,王凯宁译,科学出版社2017年版。
⑤ 埃莉奥诺拉·蒙图斯基:《社会科学的对象》,祁大为译,科学出版社2018年版。
⑥ 马里奥·邦格:《在社会科学中发现哲学》,吴鹏飞译,科学出版社2018年版。
⑦ 罗伯特·毕夏普:《社会科学哲学:导论》,王亚男译,科学出版社2018年版。
⑧ 黄徐平:《胡塞尔现象学的社会学效应》,《兰州学刊》2010年,第10期。
⑨ 吕炳强:《现象学在社会学里的百年沧桑》,《社会学研究》2008年,第1期。
⑩ 李侠:《从现象学的视角看科学主义的缺失与局限》,《兰州学刊》2006年,第11期。

第一章 现象学社会科学哲学研究现状及概念基础

东则评述了胡塞尔建立严格科学的哲学的原因及尝试。① 杨大春分析了梅洛-庞蒂的观点,指出"科学世界建立在实际经验世界基础之上,为了评价科学的意义与影响,我们应该首先唤醒知觉经验"②。此外,自2007年开始,全国性的"现象学科技哲学学术会议"每年召开一次,也极大地推动了国内现象学科学哲学的研究。

总体来看,目前国内关于现象学的科学哲学研究还主要停留在对国外研究成果的介绍上,而现象学的社会科学哲学研究还比较少见。结合前面国外研究现状不难发现,对现象学与社会科学的研究到目前为止,或是以胡塞尔晚期思想为主进行纯粹的哲学分析,或是对社会科学的某一具体学科或问题进行现象学分析。这就促使我们考虑是不是可以把社会科学作为一个整体对其展开现象学分析,而这一现象学又不同限于胡塞尔晚期,更明确地说是以现象学运动为基础,抓住现象学运动的主要概念开展这一工作。

以上关于现象学与社会科学研究状况的描述,尽管十分粗略,但也基本能让我们看到现象学社会科学哲学的某些特点,并明确前面所提出问题的价值。具体而言,以许茨为核心的对社会科学的整体性论述固然看上去离我们所要展开的问题很近,但其实区别十分明显。因为许茨提前预设了韦伯社会科学观念的合理性并且一直以胡塞尔晚期思想为基础,而这在我们看来也恰是其缺陷所在。也就是说,许茨开创了新的研究方向,但却没有走到底,这也正是引发我们开展这一研究的基础。社会科学领域内的现象学应用目前来看是研究最为集中的,但却存在一个根本缺陷即对基本概念缺乏现象学反思。而现象学家的经典论述尽管从时间来看离我们最远,从内容来看好像也是最远,但实则离我们最近,因为只有他们的现象学态度才能够形成今日我们开展现象学的社会科学哲学这项研究的基本态度和发问方式。

作为一种哲学思潮的现象学就其进入社会科学而言,它们之间发生的联系以及相互的影响,目前来看已经较为明确了。但一种历史性描述并不能完全说明这一研究的意义或理论价值。现象学社会科学哲学其理论价值还具体体现在三个方面。

首先,现象学社会科学哲学不仅使现象学得到丰富发展,而且使社会科学的领

---

① 李朝东:《现象学与科学基础之奠基》,《社会科学》2006年,第4期。
② 杨大春:《现象学还原的科学批判之维》,《自然辩证法通讯》2005年,第1期。

域得到了扩展和深化。正如前面已经说过,在许茨及其学生莫里斯·纳坦森之后也就是二十世纪七十年代之后,现象学与社会科学的研究基本陷入沉寂。但是在具体社会科学领域,现象学作为基本前提或者说社会科学家自觉不自觉地应用现象学还是得到了进一步推广。日本学者小川侃在《现象学的现状》一文中说,"所谓的现象学运动,一方面以多种形式向许多方向扩展,另一方面,从现象学内部产生出一种与社会学、政治学、美学、文艺理论和认知科学等有关学科进行交流的日益根深蒂固的动向……可以说,这两个相反的动向从现象学运动一开始就存在着"①。社会科学家以现象学为基础做了建设性的研究,如许茨的两位学生彼得·伯格和托马斯·卢克曼的《现实的社会构建》②,试图进行非哲学的社会学研究,明确提出社会既具有客观现实同时也具有主观现实,应该将社会理解为建构的实体。还有如古尔维奇、加芬克尔等社会学家也同样做了很多研究。例如加芬克尔就直接宣称"这些文章源起于我对帕森斯、许茨、古尔维奇和胡塞尔的著作之研究。20年来,他们的著作不竭地给我提供了进入日常活动的世界的指导"③。2006 年哈维·弗格森《现象学社会学》④则描述了现象学的历史发展及基本立场,试图构建"关于现代性之现象学式的社会学"。因此不论是现象学家还是社会科学家,他们以现象学为基础做的这些建设性的研究,不只发展了现象学自身,还丰富了社会科学的研究。

其次,现象学社会科学哲学摆脱了社会科学哲学传统中实证主义与诠释学的对立,为社会科学哲学提供了一条发展路径。在社会科学哲学中,长期以来实证主义传统占据学术主导地位,以致支配着多数社会科学的发展。这种实证主义传统"试图把自然科学里的方法应用到社会科学,并且因而预先假定科学的统一。这就不可避免地涉及科学的意义争论。一个更为基本的观念是,实证主义将科学看作是对外在于科学之外的客观存在的研究"⑤。而社会科学中诠释学传统则坚持认为只有依据行为者力求实现的目的才能把握行为的意义。如我们前面谈到的,社

---

① 小川侃:《现象学的现状》,王炳文译,《世界哲学》1985 年,第 5 期。
② 彼得·伯格,托马斯·卢克曼:《现实的社会构建》,汪涌译,北京大学出版社 2009 年版。
③ Garfinkel. *Studies in Ethnomethodolog*. Englewood Cliff, Prentice Hall, 1967, pIX.
④ 哈维·弗格森:《现象学社会学》,刘聪慧,等译,北京大学出版社 2010 年版。
⑤ 吉尔德·德兰逊:《社会科学——超越建构论和实在论》,张茂元译,吉林人民出版社 2005 年版,第 1 页。

第一章 现象学社会科学哲学研究现状及概念基础

会科学哲学关注的问题也因此一直将社会科学放在与自然科学的比较中。

在这两种传统的对立、争论中,随着人们逐渐认识到克服实证主义与诠释学对立的必要,现象学又被重新纳入人们的视野。现象学的介入提出了完全不同于实证主义的社会科学哲学问题。现象学从意向性概念入手,介入社会科学。以现象学的时间分析提供社会科学的基本认识框架,并进而通过自然态度和现象学态度的区分指明社会科学的意向性结构,从而进一步追问社会科学的目标到底是什么,通过对获得真理的意识活动过程分析应该能够提供一个正面的回应。正是由于现象学没有在实证主义与诠释学的对立框架内,而是以自身特有的提问方式向社会科学本身发问,方形成了现象学社会科学哲学的特殊论域,因此可以肯定,它为社会科学哲学提供了一种新的视角和发展路径。

最后,现象学社会科学哲学意味着社会科学的根本变革,这也是社会科学发展到一定程度对自身的必然要求。有西方学者曾言,现象学进入社会科学是对社会科学的一场革命。① 确实,就现象学而言,当它与社会科学发生交集时,必然会导致根本性的变革,这是由现象学自身特征所决定的。现象学作为现代西方哲学中与分析哲学并立的两大思潮之一,它关注的是事实的意义,主张主客合一,以历史的方式进行研究,要求研究者本身参与进去,其最基本的特点便是历史性、不确定性、多元性和开放性。而这些特点与传统科学认识存在很大不同,因此在这个意义上说,确实是对社会科学的一场革命。这一"革命"更多地还体现在现象学对社会科学本质的探究,也就是说,当现象学与社会科学发生关系的那一刻起,就意味着对社会科学的怀疑,就意味着对社会科学的重新划界,这也构成了现象学社会科学哲学的基本内容。现象学的历史性首先要求回到社会科学的发展历史中,去探究社会科学的"所是",通过对其所是的结构分析,去除非本质要素,进而明确如何是其所是。社会科学的制度化从历史来看,显然是以自然科学为模板的,而在这个意义上科学恰好是胡塞尔所认为的缺乏批判的科学,现象学就是要将其拉回到生活世界中来,为其在批判中奠定根本的意义基础。因此,如果说传统社会科学哲学开始于社会科学制度化之初,那么现象学社会科学哲学在某种意义上则结束于确定社会科学意义之处。

---

① 沃野:《论现象学方法论对社会科学研究的影响》,《学术研究》1997年,第8期。

第三节　概念基础

要想简要地了解什么是现象学并非易事。不只是人们在自觉使用现象学这一概念上有极大差异的问题，在同一个现象学家眼中现象学的意思也随着思想的进展而变化，胡塞尔本人就是一个典型。更别说还有自己打着现象学旗号却并无现象学精神的研究。① 因此我们需要首先对通常意义上的现象学做一简单描述，然后讨论现象学中不同分支或派别的认识，并特别说明现象学到底意味着什么。

一、把握现象学的困难

用一个定义来界定现象学是特别困难的。这一方面是由于众多被称为现象学家或自称为进行现象学研究的学者们的旨趣迥异，而且他们直面阐述的现象学本身就差异极大。另一方面也是因为现象学这一名词所涵盖的问题极其复杂，以至于不得不花费很多的努力才能弄清其核心所在。事实上，我们从今日公认的属于现象学运动的哲学家对现象学的不同态度也可以发现这一困难。自胡塞尔开始，海德格尔在1927年马堡大学的现象学之基本问题的讲座②，梅洛-庞蒂在1945年《知觉现象学》③，保罗·利科在1953年《论现象学流派》④，汉斯-格奥尔格·加达默尔在1963年《现象学运动》⑤中都在不停地追问现象学到底是什么。不只如此，直到1982年赫伯特·施皮格伯格在《现象学运动》⑥，1997年莱斯特·恩布里等人在《现象学百科全书》⑦以及2000年德穆·莫伦还在《现象学导论》⑧中追问什么是

---

① 郝伯特·施皮格伯格：《现象学运动》，王炳文，等译，商务印书馆2011年版，第36页，第54页。
② 海德格尔：《现象学之基本问题》，丁耘译，上海译文出版社2008年版，第2页。
③ 莫里斯·梅洛-庞蒂：《知觉现象学》，姜志辉译，商务印书馆2001年版，第1页。
④ 保罗·利科：《论现象学流派》，蒋海燕译，南京大学出版社2010年版，第120-123页。
⑤ 汉斯-格奥尔格·加达默尔：《哲学解释学》，夏镇平，宋建平译，上海译文出版社2004年版，第143页。
⑥ 郝伯特·施皮格伯格：《现象学运动》，王炳文，等译，商务印书馆2011年版，第33-54页。
⑦ Lester Embree (eds). *Encyclopedia of phenomenology*. Kluwer Academic Publishers, 1997, p1-2.
⑧ 德穆·莫伦：《现象学导论》（修订版），蔡铮云译，桂冠图书公司2005年版，第6-8页。

第一章　现象学社会科学哲学研究现状及概念基础

现象学的问题。直至2014年马克斯·范梅南在其著作《实践现象学：现象学研究与写作中的意义给予的方法》中依然在讨论什么是现象学①。

但是从这种看上去的纷乱中,现象学的魅力和影响也实际地表现在各个领域。因此,马克斯·范梅南才会指出,"现象学引人入胜之处在于,这些影响深远的思想家并不局限于哲学或者方法的变形,而是呈现精彩纷呈的现象学探究。他们必须同时提出其他颠覆性的方式,来理解意义如何、在何处起源与发生。而正是对日常生活中意义的来源和奥秘的探索,为各种本源性的现象学哲学打下基础……实际上,现象学的实践者如果依赖程序性的纲要、简化的探究模型,或者成套的描述性——解释性步骤,就会不知不觉地破坏自己扎根相关文献的意愿,颠覆自己想要更本真地把握现象学思考和探究过程的意图"②。

细察之下,施皮格伯格在《现象学运动》第一版序言中曾就认识现象学并提出一个实际上被后来人们所认可的观点："本书要矫正的许多错误的观念中有这样一种思想,即认为存在着称作'现象学'的一个体系或学派,它具有严密的学说体系,使我们对于'什么是现象学？'这个问题能提供一种准确的回答。这个问题本身是完全合情合理的。但是这个问题是无法回答的,因为不管怎么说,关于有一种所有所谓的现象学者都赞同的统一哲学这种当作基础的假设就是一种错误观念。另外,'现象学家们'的脾性都是非常个人主义的,以至于他们不能形成一个有组织的'学派'。如果我们说有多少现象学家就有多少现象学也许有些过分。但是如果更仔细地观察就会看到,确实多样性超过共同特征……在这种情况下,对于现象学的最适当的介绍看来就是追踪它的实际发展过程。要确定它的种种变化之中的共同核心的尝试,最好是放到对于发展过程的描述之后。"③

显然,施皮格伯格的出发点是从历史的角度来考虑,这与他的目的是相符的。具体而言,当施皮格伯格以现象学的方法为核心,采用两条宽泛的标准提出了四种现象学的概念并划定了现象学运动的范围时,他提供了从历史角度来研究现象学

---

①　马克斯·范梅南：《实践现象学：现象学研究与写作中的意义给予的方法》,尹垠,蒋开君译,教育科学出版社2018年版,第2页。
②　马克斯·范梅南：《实践现象学：现象学研究与写作中的意义给予的方法》,尹垠,蒋开君译,教育科学出版社2018年版,第10页。
③　郝伯特·施皮格伯格：《现象学运动》,王炳文,等译,商务印书馆2011年版,第6页。

的合适框架。其意义可从人们之后对现象学运动一词的广泛认可和应用中明显得出。

但问题在于,施皮格伯格提供的毕竟是一种为方便历史描述而得出的认识框架。然而以此方式勾画的现象学运动对于很多现象学研究者而言,很容易使其陷入众多现象学家的卓越贡献中,也就是陷入在众多现象学家对现象学的突破性贡献中,从而现象学也就因此成为某种比如胡塞尔现象学、海德格尔现象学以及梅洛-庞蒂现象学等累加的某类知识。如库恩对旧科学观的批判一样,现象学运动也可能被视作对现象学历史的简单堆积。现象学的研究也由此成为对现象学文献的研究。这恰恰是莱斯特·恩布里批评的"现在很多自称为现象学的研究工作实际上都是对天才的现象学家已经写出的文本的'文献学'工作"①。

而且如我们前面已经表明的那样,现象学不只在哲学领域有基本的认识和影响,它在深入渗透到各具体学科中的过程中,也被科学家特别是社会科学家提出了自身的不同于哲学领域的认识。因此,可以说现象学是由很多未必有共通之处的不同研究所构成的,它可以是一种运动,也可以是一种方法,也可以是一种态度和一种思维。这里还隐含着两层意思:一个涉及语言问题,即在概念稳定性和历史性之间的矛盾;另一个涉及研究规范问题,即现象学如何定位自身的问题。无论如何,现象学始终有一个通常我们所理解的东西。这正是我们得以开始的基本出发点。

为了理解现象学,我们再次将目光投向一个通常意义上的现象学历史。对现象学的多种认识,虽然对我们认识现象学形成了某些阻碍,但一定程度上这种现象也是现象学自身开放性的表现。人们可以从极为不同的角度和方式来理解、重构现象学,现象学的生命力才因此是引人入胜的。

如果我们想真正入手谈论现象学的话,那么就有必要抓住这些各不相同的,甚至矛盾重重的关于现象学的阐述,来理解现象学的可能性。恩布里在《现象学百科全书》的导论中指出:根据现象学的各种问题的议题导向,我们可以将其划分为

---

① 莱斯特·恩布里:《现象学入门——反思性分析》,靳希平,水轭译,北京大学出版社2007年版,第1-2页。

(1)实在论现象学;(2)先验、构造现象学;(3)存在现象学;(4)诠释现象学①。实在论现象学倾向于用本质描述的方法来研究普遍本质的问题,也就是说从经验直接获得普遍本质的路径开创出来了。构造现象学的基础文本则是1913年胡塞尔的《纯粹现象学通论》第一卷。这一倾向可以追溯到康德的先验哲学,特别强调现象学的悬置和还原。与先验、构造现象学关注质料,关注如何从经验质料中构造客观有效的知识不同,存在现象学更多的是从形式出发,从生活世界开始"描绘知识形式所不逮的实际经验"②。

不过,如果从社会科学关心的角度来看,我们更多的关注的是先验、构造现象学和存在现象学,因为它们不只是我们通常意义上现象学最为核心的内容,而且也内在地蕴含另外两个方面的基本主题。前面我们已经提到,由于任何企图直接通过概念描述而得到对现象学正确理解的尝试都很容易失败,所以我们将在后面通过现象学所涉及的具体主题来认识先验、构造现象学和存在现象学。

二、什么是现象学

基于现象学的历史发展状况以及便于我们认识现象学的角度,将现象学根据其基本内容和代表人物做出如上的划分是需要的也是必然的。只不过这样的划分同样也是将我们限于现象学文献之中不能自拔,而不能以现象学态度直面问题的主要原因。蔡铮云教授在分析胡塞尔与海德格尔的关系中,实际上指出了这一划分的问题,"这么一来,无形中造成问题焦点的转移,不同见解的真实有效性取代了不同见解自身,现象学方法也随之由一个既定的事实变成一种成见。那就是说,胡塞尔与海德格尔之间的不同,是基于一种是非对错的认定所致,不是按照他们之间的差异判定出一个是非对错来"③。因此,他坚持从现象学的方法出发来面对现象学自身。他的态度给我们认识现象学提供了重要的参考。"更要紧的是实地操作存而不论的现象学方法,先从种种诠释中划分出现象学与非现象学的本质差异,使我们不致重复于那些已有的诠释,不自觉地卷入是非对错的抉择,忘却了胡塞尔与

---

① Lester Embree (eds). *Encyclopedia of phenomenology*. Kluwer Academic Publishers,1997,p2-5.
② 德穆·莫伦:《现象学导论》(修订版),蔡铮云译,桂冠图书公司2005年版,译序。
③ 蔡铮云:《从现象学到后现代》,商务印书馆2012年版,第25页。

海德格尔之间差异的原本议题。"①正是基于此原因,我们试图通过现象学的几个关键术语来展开本书的论述,并深化对现象学的认识。

现象学首先意味着一种"无预设的起点",因此对事物的考察意味着要排除一切可能的成见,"回到实事本身"。对现象学的这种排除成见的表达,与解释学确认前理解作为理解可能性的地位相比较,容易让人产生误会,以为二者是矛盾的,其实不然。现象学的排除成见并不是要试图回到一个所谓的完全客观的立场,相反现象学认为这是不可能的,理解实际上正是主体性的行为。因此排除成见从肯定的角度来说,它只意味着对我们自身的审查,比如我们关注社会科学,那么在我们头脑中已有的社会科学的认识是什么,我们关注的目的又是什么?排除成见意味着对类似这样的因素的审查,而绝不是对这些因素的拒绝,因此现象学并不排斥前理解概念的价值。

其次,现象学意味着一种彻底的批判精神,这一点认识与无预设的起点是紧密关联的,有些时候,无预设的起点,很容易被理解为一种类似笛卡尔的"怀疑"。在我看来,怀疑与批判二者之间的区别可以从两个方面得到认识。第一,怀疑的消极含义较批判要更多一些,正如笛卡尔为找到一个不容怀疑的认识起点,而返回到我思,但显然我思这样的抽象主体概念也可以被进一步怀疑。怀疑甚至可以怀疑自身,从而走向不可知论。包括康德在内的众多哲学正是抓住其将一个逻辑主体偷换为实在主体这一问题而进行批判。第二,批判更多地强调了认识主体的自我审查,是主体的某种态度表现或者说是主体的某种负责任的"精神气质"。因此施皮格伯格说胡塞尔所谓的理性是"理解的洞察和有理解力的智慧",这种理性的应用是"每个人对自己和他所属文化的责任感"。

最后,现象学是对生存意义的探讨。与我们今日对自然科学或者社会科学的普遍认识相对比,现象学没有如这些科学一般去追寻可用来实现对事物预测、控制的规律,而是对人的生存提出了反思,追问生存的意义。现象学也追求"科学性",但它的科学性不是靠把握一种普遍客观规律来实现,而是依赖于我们前面所述的现象学另外两个特征,即无预设前提和彻底的批判精神。如马克斯·范梅南所言:"通过聚焦于不同现象学家作品的精华,我们发现,的确有各种各样的可区分的现

---

① 蔡铮云:《从现象学到后现代》,商务印书馆 2012 年版,第 35 页。

象学。这些现象学提供了方法论和哲学的洞见,可以指导我们的研究。现象学的努力并不是要提出做现象学研究的一致的、组织严密的程序系统,而是要创造一种开放性和包容性,并尊重这样一种现实,即现象学是包含着方法的方法:甚至矛盾的、有争议的哲学差异也有助于我们理解现象学及其一般意图,现象学是一种极其丰富、持续创造、极具魅力的研究与思考现象的亲历意义和人类生存事件的强大形式。"①

除了对现象学的基本说明,社会科学也应该略做解释。我们不是从具有某种理论基础并表现出确定性特质的社会科学谈论社会科学。基于现象学的立场,一种常识中的社会科学认识、一种如实证主义的社会科学认识或者富有价值倾向的社会实践如社会政策等,都是我们所讨论社会科学的基础内容。"现象学并不假定我们的经验现实必须是理性的、逻辑的、非矛盾的,甚至是可用命题式的或科学的语言来描述的。相反,现象学想要对敏思的时刻保持敏感,同时也敏感于那些习以为常的时刻、洞见的时刻,甚至是那些我们将自己的世界体验为神秘、迷惑、迷失、陌生或不协调的时候。毕竟,这是生活向我们呈现自身的方式。"②当然,我们不会仅仅满足于这样的毫无确定性和普遍性含义的,甚至是杂乱的社会科学,我们以现象学态度对社会科学的理解,还是从历史、从过程来具体分析社会科学,最终还是要提供一种理论的把握或者说社会科学的"应然状态"。

---

① 马克斯·范梅南:《实践现象学:现象学研究与写作中的意义给予的方法》,尹垠,蒋开君译,教育科学出版社2018年版,第77页。

② 马克斯·范梅南:《实践现象学:现象学研究与写作中的意义给予的方法》,尹垠,蒋开君译,教育科学出版社2018年版,第69页。

第二章　主体回归保证社会科学的可能性

人类开始对自身、彼此以及人类创造的社会进行理性的探索，从时间上看，可以追溯到任何有着最初文字记载的历史中。在严格意义上来讲，社会科学不过是这种理性探索的现代模式之一。因为今日主流观念中的社会科学只有在十八、十九世纪才得以制度性地确立，而且这一确立固然在于对人类及社会自身认识的不断深入，但另外一个重要原因就是来自自然科学的深刻影响。在今天这个时代里，尽管随着"两种文化"以及"索卡尔事件"等论战的不断发展，对于社会科学中源自十六、十七世纪发展而来的经典科学观即一种自然主义的科学观有了相当大程度的认识上的转变，但不容否认的是，经典科学观仍然占据着社会科学的主导地位。因此，当我们以现象学的目光投入社会科学时，首先映入眼中的便是这一科学观的前世今生。华勒斯坦（又译沃勒斯坦）曾指出经典科学观有两个基本前提即牛顿模式和笛卡尔二元论，这一认识与现象学家如胡塞尔等人的认识并无不同，只不过胡塞尔更进一步指出了伽利略是如何构成对这两个前提的影响并发挥重要作用的。进一步而言，现象学的涉入使我们看到了这两个前提之中隐含了一个现代科学包括社会科学的内在矛盾：科学缘于启蒙思想对主体的高扬，但其成功却以对主体的远离为标志。因此马克斯·霍克海默和西奥多·阿道尔诺在《启蒙辩证法》一书中对此评论说，"启蒙根本就不顾及自身，它抹除了其自我意识的一切痕迹，这种唯一能够打破神话的思想最后把自己也给摧毁了"[1]。另一方面，主体的问题还是关系到现象学是如何突破传统主客二分的关键问题，它关系到作为现象学三大发现[2]之首的意向性的发生。因此，主体性问题不仅构成了连接社会科学与现象学的基

---

[1] 马克斯·霍克海默，西奥多·阿道尔诺：《启蒙辩证法》，渠敬东，曹卫东译，上海人民出版社2003年版，第2页。

[2] 海德格尔认为现象学有三大发现，即意向性、范畴直观和先天的原本意义。在海德格尔看来，唯有经过对现象学此三种决定性发现的论述，才能以"此在的时间性"为基础，对"历史"和"自然"开展恰当的探索。参见海德格尔：《时间概念史导论》，欧东明译，商务印书馆2009年版，第31页。

本纽带,此外受后现代主义影响,当下人们对主体的讨论如主体的死亡、主体的黄昏等也是方兴未艾,对主体问题的讨论因此实际上同样是对理性本身的探讨,有着十分深刻的意义。

第一节 没有主体的科学

十七世纪的科学革命反映出的思想变化或者说这一革命取得的伟大成果构成了今日我们认识世界的基本概念结构。我们所面对的时空,正是这一阶段如伽利略、培根、笛卡尔等人所设想的时空。换句话说,现今所认为的科学认识方式亦即今日所谈及的"科学"二字所蕴含的意义大抵在十七、十八世纪得到确立。而科学发展中的工匠传统和思辨传统得到了进一步发展,特别是二者的结合在伽利略身上获得了实现。以数学—实验方法为核心的科学方法逐渐成为科学理论发展的基本因素,提供了关于经典科学的实验特征,这也正是自然主义科学观最典型的特征。哲学上笛卡尔的二元分立学说则提供了现代科学的形而上学基础,并把人的主观感受等因素直接排除在物理实在之外。以牛顿模式和笛卡尔二元论为前提的经典科学观对社会科学而言,固然有着极其重要的意义,比如促进了社会科学的制度化,形成了一种自然主义模式的科学图景等。但同样不可否认的是,经典科学观也同样是造成今日社会科学发展困境的根本原因,而在这些困境中,最基本的便是主体缺失的困境。

一、伽利略的自然数学化观念与社会科学

伽利略对科学发展的重大贡献是被普遍认可的,如胡塞尔就批判性地高度评价了伽利略的作用。而翻阅众多科学史著作比如W. C. 丹皮尔、詹姆斯·E. 麦克莱伦第三、哈罗德·多恩以及斯蒂芬·F. 梅森等人的作品不难发现,他们所认识的伽利略对科学发展的贡献基本也是相同的。具体而言,我们借用丹皮尔的一段话来表示:"文艺复兴以后,在人心中沸腾着的某些伟大思想,终于在伽利略的划时代工作中,得到世纪的结果……最重要的是,他把吉尔伯特的实验方法和归纳方法与数学的演绎方法结合起来,因而发现并建立了物理科学真正的方法。"①显然这一评价是公允的。斯蒂芬·F.梅森也有类似表述,"科学的数学—实验方法在伽利略手中达到成熟的阶段……由此就可以运用数学证明,提供一个抽象理论的结构,并预言一些可以进一步用实验试行验证的后果"②。从科学发展立场来看,这种变化意味着近代科学基础条件的奠定。

伽利略的数学—实验方法及其对科学的影响,可以从两个例子来说明。首先是悬臂的外部荷载与自身重量的关系。当下的我们望向窗外,看到远处建设工地上的脚手架时,理所应当地认为脚手架的运作有其背后的理论支持。但我们也可以肯定地说,几乎没有人会去想是谁从理论上解决了脚手架的外部荷载运作,又是怎么解决的。这就不能不提到伽利略,在伽利略之前甚至之后,悬臂的荷载问题都极少受到理论的关注,而工匠们也对之没有太多兴趣,因为经验基本能够解决他们所遇到的问题。"但是伽利略说,尽管这些工匠懂得很多,他们的知识并不真正是科学的,因为他们不熟悉数学,所以,他们不能从理论上发展成果。伽利略非常重视数学在应用科学方法上的重要性……"③。而伽利略则用数学方法为悬臂的荷载问题论证了工作原理,提供了理论基础。尽管他的解决还存在一些问题,比如悬臂的内应力分布的假定就是错误的,但结论却基本无误。在解决这个问题时,伽利略并没有用实验来说明,而是从数学出发。因为在伽利略看来,单纯的实验实际上与建筑师、石匠以及木匠等积累的成果没有什么区别,而如果这些成果不能通过数学上升到理论,它们就不是可信赖的知识。

另一方面,伽利略十分重视实验的作用。斯蒂芬·F.梅森写道:"在这以前,新现象只是碰巧或者偶然被人们发现,而对立的假说,如冲力说和亚里士多德的力学,由于除掉逻辑外没有其他标准可以在他们中间做出抉择,则可以世世代代并存下去。现在伽利略表明,从已知的现象怎样地可以证明'可能是从来没有被观察到的事情';证明为那些现象提供解释,而通过实验发现所预言的事实则证实了这些

---

① W.C.丹皮尔:《科学史:及其与哲学和宗教的关系》,李珩译,广西师范大学出版社2009年版,第137页。

② 斯蒂芬·F.梅森:《自然科学史》,上海外国自然科学哲学著作编译组译,上海人民出版社1977年版,第146页。

③ 斯蒂芬·F.梅森:《自然科学史》,上海外国自然科学哲学著作编译组译,上海人民出版社1977年版,第142页。

解释。"①这段话不只说明了伽利略在科学中的重要贡献,还从哲学层面说明伽利略的贡献还体现在以确定的事实作为评价理论的标准。如詹姆斯·E. 麦克莱伦第三、哈罗德·多恩所说,不论伽利略被称为"实验科学之父"还是"科学方法之父",要恰当地评价实验方法对伽利略的贡献的重要性是复杂的。但同样不容怀疑的是,伽利略确实在十七世纪实验科学的重大进展中做出了十分卓越的贡献。②

实际上从斯蒂芬·F. 梅森上一段话中,还隐含着另外一层对现代科学而言极其重要的内容,那就是对待自然的态度。"伽利略确认自然之书是用数学语言写成的。因此,他试图把物理学的范围限制在断言'第一性质'(primary qualities)上。第一性质是对于'物体'这个概念来说必不可少的那些性质。"③在伽利略看来,他追求的是隐藏在自然背后的数学关系或者说永恒的自然规律,人可以实现对自然的把握。但是在对自然的把握中,不可避免地会发现某些现象可以被测量而也总存在一些现象不能被数学测量。斯蒂芬·F. 梅森指出,在伽利略的科学观中"有一条界线是数学实验方法无法越过的。它对付不了那些不可测量的现象,如使两个生物相互区别的那些质……在十七世纪时,数学演绎法受到广泛采用;实际上,它被看作是一种哲学。物质的不可测量性质,不但数理科学家不予理会,而且逐渐被人们看作是不真实的了"④。当伽利略将物质不可测量性质看作不真实的或者说第二性的质不过是人们内心的感觉或幻象时,某种程度上已经具备了一些二元论的特征。也正是在对待自然的态度以及物质不可测量的性质上,伽利略和笛卡尔表现出了同样的认识。

尽管伽利略不能如笛卡尔那般做出二元论的区分,但他的自然数学化观念实际通过自然与社会的同一化以及其他社会研究者的吸纳而对社会科学产生了深远的影响。近代国际法学的奠基人胡果·格劳秀斯就将"他的同时代人伽利略的几

---

① 斯蒂芬·F. 梅森:《自然科学史》,上海外国自然科学哲学著作编译组译,上海人民出版社 1977 年版,第 145 页。
② 詹姆斯·E. 麦克莱伦第三、哈罗德·多恩:《世界科学技术通史》,王鸣阳译,上海科技教育出版社 2007 年版,第 326 页。
③ 约翰·洛西:《科学哲学的历史导论》(第四版),张卜天译,商务印书馆 2017 年版,第 48 页。
④ 斯蒂芬·F. 梅森:《自然科学史》,上海外国自然科学哲学著作编译组译,上海人民出版社 1977 年版,第 146 页。

何学当作道德推理的模式"①。"格劳秀斯敬佩伽利略并尽力在他的自然法则体系中遵循数学理性模式,托马斯·霍布斯应用几何学的推理方式来对相关联的个体进行力学上的定义。"②胡塞尔也指出在伽利略那里发生了一件重要事情,"即以用数学方式奠定的理念东西的世界暗中代替唯一现实的世界,现实地由感性给予的世界,总是被体验到的和可以体验到的世界——我们的日常生活世界。这种暗中替代随即传给了后继者,以后各个世纪的物理学家"③。但是由于现代意义的社会科学在发展早期更多的是受社会变革的现实影响,而非依靠它与数学和自然科学的相似性来保障其合法性,因此数学对于社会科学的影响还要再推迟一点,直到十九世纪七十年代才真正发挥其重要作用。

经济研究中的数学应用特别能说明这种影响的重要性与曲折性。从历史角度来考察,自有经济活动以来,数学就在最广泛的意义上参与其中,但仅仅是作为数量计算而参与到经济活动中。哪怕十七世纪中叶威廉·配第的《政治算术》也不能算是数学化在经济研究中的体现,因为该书对数学的认识依然停留在传统意义上。直到1838年古诺《财富理论的数学原理研究》一书出版以来,经济理论才开始在真正意义上进入数学化。其理由在于,古诺在该书中引入大量数学符号,形成一系列函数,并利用函数关系推导分析经济现象。到十九世纪下半叶,杰文斯和瓦尔拉斯还有门格尔开创的边际效用革命进一步强化了数学在经济研究特别是经济学中的运用。二十世纪则出现了如计量经济学还有数理经济学等名称来指称经济学中的一些研究方法或领域,数学在经济研究中获得了重要地位,主流的经济理论几乎大都是数学化的经济理论。在二十世纪五十年代初,拉格尔斯认为之前二十年来经济学方法论发展的最引人注目的方面就包括经济理论的数学化。他还对经济数学分析方法进行了探讨。例如统计,其基本特征就是收集变量数值并加以验证。数理经济学方法则是从经济现象中提取假设,建立模型的一种公理化方法。计量经济学方法则是从实际数据出发,再以数理统计方法来建立数学模型。保罗·汉弗

---

① 西奥多·M. 波特,多萝西·罗斯:《剑桥科学史》(现代社会科学卷),王维,等译,大象出版社 2008 年版,第 15 页。

② 西奥多·M. 波特,多萝西·罗斯:《剑桥科学史》(现代社会科学卷),王维,等译,大象出版社 2008 年版,第 37 页。

③ 胡塞尔:《欧洲科学的危机与超越论的现象学》,王炳文译,商务印书馆 2001 年版,第 64 页。

第二章 主体回归保证社会科学的可能性

莱斯更是认为,"尽管数学模型不会对社会现象提供全面的说明,但它现在已经是科学方法中不可分割的一部分了"①。从1969年开始的诺贝尔经济学奖至今已颁奖49届,而这49届中绝大多数获奖的经济学家都是在数学方法与经济研究之间实现了结合,也就是说他们也都是提供了一种数学化的经济理论,特别是1994年纳什等三位数学家因博弈论的贡献而获得了诺贝尔经济学奖。

经济理论数学化由此似乎获得了不言而喻的有效性和合理性。然而,如果只是依靠把数学看作能够揭示经济现象在量的方面的精确性,或者以自然主义的态度把数学从自然科学转移到经济活动中来说明其有效性和合理性显然是不足以令人信服的。事实上,经济理论在不断数学化的过程中,同时长期受到历史主义等种种批判。因此谢拉·C.道提出"既然数学表达方式既有助益,同时也有代价,那么就存在着对数学表达方式的最终评价问题"②。而实际上早在他提出评价经济理论数学化的问题之前,经济学界就从未停止过关于经济理论数学化的争论,争论的焦点在于数学能不能帮助实现经济学的科学性。凯恩斯尽管对数学在经济研究中的运用及推广起了重要作用,但他却对之持有谨慎态度。在凯恩斯看来,"经济学本质上是一门道德科学而不是自然科学。也就是说,它必须运用内省和价值判断"③。因此他认为数学并不能从根本上保证经济学的科学性。相反,布留明则认为凯恩斯的看法是将婴儿同水一起泼了出去,夸大了数学方法在应用上的不恰当。他指出"数学方法有一系列优点……这是不可能有任何怀疑的。数学能够使量的结果更精确,使各个概念的内容更明确,能够引出新的问题……所以借口数学无效而拒绝数学的帮助,是不合理的"④。而米塞斯则认为"争论是否应该在社会学,特别是经济学中用数学形式来表述是无聊的"⑤。以布留明为代表的经济学家认为经济理论的数学化有利于增强经济理论的科学性,这种观点在自然主义态度支持下以虚弱的根基占据了主流。而以凯恩斯为代表的经济学家则看到了自然主义的

---

① 斯蒂芬·P.特纳,保罗·A.罗思:《社会科学哲学》,杨富斌,等译,中国人民大学出版社2009年版,第200页。
② 谢拉·C.道:《经济学方法论》,杨培雷译,上海财经大学出版社2005年版,第117页。
③ 丹尼尔·豪斯曼:《经济学的哲学》,丁建峰译,上海人民出版社2007年版,第253页。
④ 布留明:《政治经济学中的主观学派》(下卷),黄道南译,人民出版社1983年版,第31页。
⑤ 路德维希·冯·米塞斯:《经济学的认识论问题》,梁小民译,经济科学出版社2001年版,第114页。

局限,他们的批评直接推翻自然主义的假设前提,认为经济学本质上是不同于自然科学的。

通过这一例子我们总结伽利略的自然数学化观念对社会科学的影响。首先,它以自然与社会的同一化为基础,为数学和自然科学方法应用到社会科学中提供了理论基础。其次,加强了人们对社会科学的科学性认识,促进了社会科学的制度化。再次,还促使学科内部形成分化,即意味着对社会研究的更进一步的深入。然而,正如胡塞尔所言,伽利略的自然数学化观念固然使得科学包括社会科学取得了某种精确性,但却在"对世界的考察中,抽去了在人格的生活中作为人格的主体,抽去了一切在任何意义上都是精神的东西,抽去了一切在人的实践中附到事物上的文化特性"①。随着伽利略的贡献被牛顿发挥,而笛卡尔的思辨方法被拒斥,主体概念被彻底地排除在科学之外。不过在胡塞尔看来,伽利略的自然数学化使得"作为实际上自身封闭的物体世界的自然的理念得以出现"②,而这则为笛卡尔"二元论"的出现做了准备。

二、笛卡尔的"二元论"与社会科学

与伽利略一样,笛卡尔十分重视数学在科学中的重要作用。梅森指出,"到了十七世纪,数学已经成为科学方法的逻辑的一部分了;数学是研究事物性质的一种中立工具,而不是事物性质的一种先天决定因素。笛卡尔就是看出了数学在地位上发生的这种时刻变化的人"③。在此之前的数学一直被看作是形而上学的东西,"而不是一种知识工具,一种发展科学理论而不影响这种理论内容的方法"④。

然而,笛卡尔却没有如伽利略那样对实验方法给予足够重视,相反,他更多地保持了学者传统的思辨倾向。因此"继笛卡尔之后,还得由牛顿提供对十七世纪说来可算是最后和影响最悠久的宇宙体系,这采用的却是伽利略的方法而不是笛卡

---

① 胡塞尔:《欧洲科学的危机与超越论的现象学》,王炳文译,商务印书馆2001年版,第76页。
② 胡塞尔:《欧洲科学的危机与超越论的现象学》,王炳文译,商务印书馆2001年版,第76页。
③ 斯蒂芬·F.梅森:《自然科学史》,上海外国自然科学哲学著作编译组译,上海人民出版社1977年版,第137页。
④ 斯蒂芬·F.梅森:《自然科学史》,上海外国自然科学哲学著作编译组译,上海人民出版社1977年版,第138页。

尔的方法"①。但笛卡尔的二元论所提供的那个封闭的世界系统也为数学在科学中的应用提供了坚实的哲学根据。

笛卡尔对科学哲学的影响都体现在他的二元论中。在笛卡尔看来,人体与机械具有某些相类似之处。这样一来他就排除了源自中世纪神学传统的关于自然界的等级观念。自然界不再是从"上帝"开始的,经由等级不同的各类物质物种构成的系统,它只不过是一个同质物体所构成的机械系统。当然,在笛卡尔看来,理性的灵魂与机械的物质是完全不同的,而人正是因为灵魂才参与到自然界中。这样,笛卡尔就第一个提出了心物或者说灵魂与肉体的二元论学说,并成为后世人们普遍信奉的思想。梅森在《自然科学史》中还认为,"笛卡尔是第一个一贯地用'自然规律'这一名词和概念的人"②。与近代以前人们将自然变化归因于目的性以及因果报应等形成鲜明对比。

到了培根和笛卡尔这里,他们的科学思想观念与传统认识形成了明显的对比,特别表现在他们对待自然的态度上以及对自然的重新解释上。与中世纪对人性的压抑相比,他们都高度推崇人作为自然主人的观点,并强调在对自然改造的基础上满足人自身的需要。如詹姆斯·E.麦克莱伦第三和哈罗德·多恩所言,"培根和笛卡尔各自都阐述过人应当是自然的主人和应当支配自然的观点。他们认为,应当积极地开发自然并利用世界上的自然资源造福于人类自己,也就是造福于那个拥有或者说控制了知识的自然的主人……科学有用,科学为大众造福,知识就是力量,这样的思想自17世纪以来就成为西方国家的文化主旋律,19世纪以后,又扩散到了世界各地"③。大概也正是因为这个原因,主体在笛卡尔那里没有如伽利略那样直接被排除,相反倒是得到了彻底的发挥。

笛卡尔的上述自然哲学认识,很大程度上反映出他所持有的机械唯物主义观点。而在哲学上,他则是一个古典的二元论者。笛卡尔从普遍的怀疑开始,不只怀疑我们所拥有的知识,也怀疑客观世界直到怀疑自己的身体。而在这些怀疑之后,

---

① 斯蒂芬·F.梅森:《自然科学史》,上海外国自然科学哲学著作编译组译,上海人民出版社1977年版,第161页。
② 斯蒂芬·F.梅森:《自然科学史》,上海外国自然科学哲学著作编译组译,上海人民出版社1977年版,第159页。
③ 詹姆斯·E.麦克莱伦第三,哈罗德·多恩:《世界科学技术通史》,王鸣阳译,上海科技教育出版社2007年版,第338—339页。

显然在他看来有一个东西不能被怀疑,即怀疑本身。进一步地,笛卡尔从作为思想活动的怀疑推导出必然有一个思想者在背后。但正如康德所批判的那样,笛卡尔的"我"不过是一个逻辑主体,却被偷换为一个实在的主体。无论如何,当"我思故我在"的第一原理被确立后,笛卡尔借用上帝来摆脱唯我论和怀疑论的困境。在他看来,精神和物质都是独立存在互不依赖的实体,二者只有依靠绝对实体即上帝才能协调起来。可问题是,如我们已经提到的那样,笛卡尔本人还是一个唯物主义的自然科学家,人与自然的互动对他而言是一个不争的事实。如果承认了人通过灵魂与自然交互作用,这又与其二元论立场相矛盾。最终这个矛盾在笛卡尔那里不仅没有得到解决,反倒再次突出了现代科学的一个内在矛盾:科学缘于启蒙思想对主体的高扬,但其成功却以远离主体为标志。因此在索科拉夫斯基看来,"当我们以科学的方式探索某个存在领域的时候,我们获得了有关事物的一笔知识财富,一个判断系统。可以说,我们已经对某个领域例如分子生物学或者固体物理学领域取得了相当透彻的理解。但是,无论对于有关领域的事物的认识可以达到多么完备的程度,我们仍然没有探索与这些已经获得的真理相关联的主体性方面"①。

笛卡尔二元论对社会科学的影响间接地体现在如下两个方面:

第一,为社会科学以自然科学为典范奠定了基础。由于笛卡尔承认人是世界"机械"结构中的一个环节,因此开展对人的科学研究也就是可能的。而且既然通过数学演绎的方法,我们能够获得关于自然的确定的知识,也就是说自然科学的合法性得到了确认,因此自然科学应当成为其他各种知识的典范。这也就为后来人们坚持一种自然主义的社会科学研究路径提供了前提条件。不过与伽利略对社会科学的影响有所不同,笛卡尔的二元论虽然也会导致自然主义的研究路径,但基于其所持的灵魂与自然的交感作用观点,实际上提供了一条关于自然与社会的本质对立的可能性的线索。维科就是在批判笛卡尔中提出了他关于历史的认识②。对于维科而言,在历史学中提出心灵与物质的二分是不可理解的,历史学关注的是人现实的生存于其中的社会结构和习俗等,对于其是否实在存在并不关心。维科还特别强调了历史实际就是人对自身以及社会的创造,对他而言,历史知识的有效性

---

① 罗伯特·索科拉夫斯基:《现象学导论》,高秉江、张建华译,武汉大学出版社2009年版,第52页。
② 柯林伍德:《历史的观念》,何兆武、张文杰、陈新译,北京大学出版社2010年版,第60-72页。

如同笛卡尔所认同的自然科学知识的有效性是同等的。

第二,暗含着社会科学的价值追求即自我的实现。很明显,在笛卡尔之前,人们对于世界的认识还是简单直接的,还不能自觉地提出内在心灵为什么能认识外在世界的问题。笛卡尔在追寻知识的稳固确定的基础时,回归到"我思",它的重要意义就在于确认了人们开展自我反思的可能。理性认识与自我第一次联系起来,诚如斯特罗齐尔所言,"笛卡尔之类的思想家其实已经在描绘一种新式的自我关系,在这种关系中,自我不仅仅是知识的主体,并因此臣属于知识,而是还把知识作为自身批判反思的客体对象"①。因此,在笛卡尔这里,科学知识作为自我实现的一个环节的意义已经得到了初步的显示。可惜的是,尽管笛卡尔的探索已经初步显示出对科学的这一关键认识,但由于他将自我简单地规定为内在的心灵本身,将心灵与身体完全对立起来,没能进一步探索自我的"生命本质"。"笛卡儿没有弄清楚,自我——他的由于悬搁而丧失了世间性的我,在这个我的功能性思想中,世界具有其对于思维所能具有的全部存在意义——不可能在世界中作为研究主题而出现,因为一切世间性的东西,因此也包括我们自己的心灵存在,即通常意义上的我,正是从这种功能中吸取它们的意义的。"②因此胡塞尔评价笛卡尔是"荒谬的先验实在论之父"。在胡塞尔看来,对自我的进一步探索,将直接引向意向性问题,从而实现现象学态度的转变,才能真正理解自我与社会科学的关系问题。

三、社会科学中主体缺失的四重困境

相对于自然科学,社会科学的发展在此表现出了不一样的事实。社会科学的制度性确立依赖于对自然和社会的绝对分裂。这种分裂的前提条件就是社会科学的对象是具有主观能动性的人,它不同于自然界。事实上,很多社会科学的具体学科首先就会说明社会科学是关于主体行为的科学。但问题在于此时此地的主体实际只是作为认识对象而存在,也就意味着主体作为对象恰恰排除了其作为主体的可能性。如康德对笛卡尔的批判一样,混淆了认识的主体和被认识的主体,把进行认识活动的主体当作是被认识的主体。

---

① 转引自伊恩·伯基特:《社会性自我:自我与社会面面观》,李康译,北京大学出版社 2012 年版,第 135 页。
② 胡塞尔:《欧洲科学的危机与超越论的现象学》,王炳文译,商务印书馆 2001 年版,第 102 页。

胡塞尔因此讲到,"于是,在全部经验世界如此进行运作时,我们所获得的就是一种普遍的和显然纯粹自足的世界之核心结构,即在物理性自然这一严格意义上的自然。后者完全由物质性实在构成,从其对象意义中,一切心理的以及一切文化的意义都被我们的抽象所排除;因此每一物质实在物都被纯粹把握为一物质性对象和纯粹物质因果性的统一体,而它们都彼此交织为一纯粹物质因果关联域统一体。其中存在着原初的时空外延域。笛卡尔并非没有理由地将物质物定义为'外延物',虽然后来也因此而陷入混淆"①。这段话很清晰地让我们明白了现象学视域下,自然科学如何将世界自然化,并转变为一种因果联系被我们认知。胡塞尔的这段话也实际为他所分析的主客体对立奠定了基础。"于是一切文化精神域被自动排除了。因为如果我们采取纯自然的立场,并将一切心理的因素不只在现在而且在全部过去的和未来的经验世界中排除,正如自然科学家一直做的那样,那么整个经验世界将当然就其生成方面而言失去全部文化意义并因此失去一切可陈述的文化属性。后者将当然从自然科学的理论领域被排除出去。"②

当主体作为进行认识活动的主体被排除在外时,除了笛卡尔本人所引发的主客的对立以及主体如何认识客体的认识论的基本问题之外,主体性的缺失还带来了如下几个具体困境。

首先,主体性的缺失使意义被排除在科学之外。

众所周知,现代哲学起因于近代认识论的主客二分的矛盾性,由此才转向语言的追问,从而开始追问意义问题。作为与现象学并列的现代两大哲学分支之一的分析哲学将注意力更多地放在语词、语句或语言的意义上。根本上讲,他们坚持主客的二分法,试图在命题和事实之间划清界限。因此,分析哲学认为意义的问题是哲学的问题,一个命题有无意义应该由哲学回答,科学只是对有意义的命题的回应。比如在微观物理学中,当薛定谔与波恩等人就电子的特性问题展开争论之前,显然有一个问题就是电子是否存在。一般而言,我们很容易将之当作哲学问题。然而,对于这样的问题,在分析哲学视域里,首先应该追问的是"电子是否存在"这个命题是不是有意义,这是一个哲学问题。这样一来,哲学与意义相连,而科学则

---

① 胡塞尔:《现象学心理学》,李幼蒸译,中国人民大学出版社2015年版,第93页。
② 胡塞尔:《现象学心理学》,李幼蒸译,中国人民大学出版社2015年版,第94-95页。

在意义之外。因此当分析哲学坚持主客二分,以中立的确定的方式探询真理时,主体被排除,而相应的意义也被排除。

与之形成鲜明对照的是,现象学高度关注的是事实的意义。因此在现象学中,主体一直是一个核心问题,现象学的研究基本出发点就是主客的一致性即意向性问题。这里进一步涉及西方哲学的一对基本概念即现象和本质。同样以电子为例,到了现象学这里,问题不再是命题的意义,而是首先肯定我们语言的有效性,以意向性为根基,在关于电子的经验中,认识电子的自我显现。返回到科学层面,显然,事实的意义作为科学的基本前提被蕴含其中。换句话说,我们生活的世界本身就是一个主体间的意义世界,这是科学研究的基本预设。

其次,造成了主体与客观性①的对立。

通常意义上,我们会认为主体的排除难道不正意味着客观性的可能吗?在今日我们的语言环境中,主观性与客观性成为一对对立的术语,主观性成为一个含有贬义色彩的用词,而客观性则成为科学的代名词,也同时意味着好的一面。这也是今日社会科学研究中的主流认识。可以直接指出的是,这样的认识显然是实证主义的影响结果。弗莱德·R. 多迈尔在论及阿尔都塞曾提到的科学无主体观点时就讲到:"阿尔都塞认为……与意识形态的主体——人道主义的意向相反,科学研究是在客体—理性的层面进行的。我们读到:一篇科学论文的作者'根本就不会作为一个主体出现在他的科学论述中,因为所有科学的论述都注定是无主体的论述'。"②

至少这种被普遍认可的观点需要解释两个基本问题:第一,如果主体被认为与客观性是对立的,客观性的实现必须排除主体在外,那么作为人类行为的科学研究如何排除主体?第二,排除了主体的科学研究的意义何在,或者说客观性本身的意义何在?从科学哲学的发展中看,实证主义关于客观性的认识是无法回应这两个问题的,因此才有从中立观察到观察渗透理论的变化。索科拉夫斯基曾就科学的

---

① 关于主体、主体性、主观性以及客体和客观性等词的含义曾一度引起热议,可参见:于光远:《关于主客体关系的对话》,《学术界》,2001年,第6期。钟少华:《"主观-主体"及"客观-客体-对象"的中文嬗变》,《学术界》,2002年,第3期。刘永富:《主体性与主观性、客体性与客观性辨析》,《人文杂志》,1991年,第5期。

② 弗莱德·R. 多迈尔:《主体性的黄昏》,万俊人译,广西师范大学出版社2013年版,第24页。

客观性和主体性之间的关系认为,"只要一门科学还是单纯客观的,他就迷失于实证性。我们拥有关于事物的真理,但是至于我们如何具有这些事物,我们却没有这个方面的任何真理。一旦我们认识的事物把我们迷住了,我们就会遗忘甚至迷失自己。科学的真理也就处于漂浮无根没有主人的状态,似乎是无所归属的真理。为了完善科学,为了达到充分的科学性,我们需要探究在科学那里起作用的各种主体性的结构性行为"①。

再次,容易过度强调主体的绝对统治地位。

主体缺失的危机还不仅仅体现在朴素的无主体问题,更深层地体现在对主体的过度强调中。"在很大程度上,西方历史可以看成是一部解放的历史,即人从各种外在的监护或虚构的压抑下逐步解放的历史。"②因为人从科学对象中排除出去之后,反而成为自然的主宰。在人与自然的关系中"解放的历史充满了一种统治的冲动"。当这种统治延续到人类社会时,人自身出现了分化,一方面是对人类自身解放的追求,另一方面则是人与自然的同质化。这里已经暗含了前面提到的现代科学的内在矛盾即主体高扬与主体远离的矛盾。因此霍克海默认为,"在解放的历程中,人遭受了与人的世界相同的命运;对自然的统治蕴含着社会的统治"③。

最后,使理性背离了人类生存的目的。

弗莱德·R. 多迈尔在谈到主体性的黄昏时,认为主体性困境的出现有一个重要原因,"在知识领域,实证经验主义的兴起,促使人们将人等同于他的物理性质和经验占有,并鼓励人们通过适应环境的过程,来增进人与环境条件的和谐一致。同时由于丧失或抛弃了理性与人类目的的联系,理性被等同于抽象的运算,即一系列用来对任何选择对象进行公理化的运算规则"④。从现代社会科学的发展来看,确实如此。例如在实证主义的影响下,经济学研究的基本假设即理性人,所谓理性人仅仅是指一个完全是利益最大化的符号而已,不只如此,在此假设基础上,人与社会的供求关系以及其他关系均试图用数学方式来做出描述。经济学的发展状况与

---

① 罗伯特·索科拉夫斯基:《现象学导论》,高秉江、张建华译,武汉大学出版社2009年版,第52-53页。
② 弗莱德·R. 多迈尔:《主体性的黄昏》,万俊人译,广西师范大学出版社2013年版,第9页。
③ 转引自弗莱德·R. 多迈尔:《主体性的黄昏》,万俊人译,广西师范大学出版社2013年版,第10页。
④ 弗莱德·R. 多迈尔:《主体性的黄昏》,万俊人译,广西师范大学出版社2013年版,第10-11页。

多迈尔的描述是如此相符,我们不能不由此确认理性背离人类生存的目的之消极影响。当理性与人类目的背离后,社会科学也只能解释为对规律的发现,而不可能为人类追求更好的生存做出什么。这也正是多迈尔提到主体性缺失可能导致的另外一个状况即实践道德因素与认识因素的分离。我们将在下文社会科学的价值中展开详细论述。

第二节　意向性改变切入社会科学的视角

　　面对无主体的困境,意向性概念说明现象学进入社会科学的必然以及其优势所在。胡塞尔使得意向性成为现象学最为核心的词汇,可以说现象学就是奠基在意向性概念之上的。意向性概念指出了我们的任一意识行为总是关于某事物的意识,总是指向某事物。当我们返回到传统哲学中,才能发现自笛卡尔以来的近代哲学在理解意识时,与现象学有什么不同,才能明白现象学是如何变革我们的思维的。众所周知,笛卡尔是实体二元论的坚持者,心灵被当作是完全独立于物理存在的,意识所指向的是封闭于内在心灵的意识。由此,引出了几百年来一直被人所关注的基本问题:主体如何认识客体或者说内在心灵如何与外部物理世界相符。建立在二元对立基础上的近现代科学被视为历史上的重大科学发现的累积时,在科学内部来解决如上问题实际是不可能的,因此这一问题也成为生理学、脑神经科学等学科的难题。

　　现象学的意向性概念直接将意识看作是指向对象的,而且并不只是对对象的复杂多样的显现的指向,更多的是对对象同一性的指向,突破了笛卡尔式的难题。现象学还具体分析意向性的结构,对意向性结构的分析意味着"现象学承认了现象即显现的事物的真理和实在性"①。而"对所有这些意向性进行归类和区分,同时对这些意向性所关联的特定种类的对象进行归类和区分,这就是那种被称作现象学的哲学所做的工作"②。

---

① 罗伯特·索科拉夫斯基:《现象学导论》,高秉江、张建华译,武汉大学出版社2009年版,第14页。
② 罗伯特·索科拉夫斯基:《现象学导论》,高秉江、张建华译,武汉大学出版社2009年版,第13页。

现象学能使我们从科学的世界中摆脱出来，为我们对科学的构成前提等提供反思的可能，并就科学哲学乃至哲学所关心的多样性与同一性、整体与部分等问题提出独特的见解。自然主义哲学支配下的社会科学，试图追求客观知识、追求实证，最终必然会陷入认识对象中，而所谓的真理也就将人抛弃在外，这样的科学特别是社会科学在现象学看来并不具备充分的科学性，他们成为失去自身本质的抽象真理。想要实现充分的科学性需要回到意向性中具体考察这门科学确立起来的意向性。现象学能够使科学回到其起源之处，寻找自身的合理性，但现象学绝不会取代它们。

一、意向性概念的起源

意向性问题是现象学最为基础和核心的问题，可以说没有意向性概念的突破就没有现象学。一般认识中，现象学总包括意识是指向某物的认识这样的基本观点。胡塞尔自己也指出："意向性是进入现象学的一个不可或缺的、作为出发点和基础的概念。"① 然而就现象学意义上的意向性而言，只能从布伦塔诺那里开始算起。

施皮格伯格在谈到布伦塔诺的意向性问题时，曾以注释的形式指出，布伦塔诺在使用"意向的"这个词时，总表现出某些与经院哲学相关联的痕迹。他也总是将"意向的"这个形容词与其他词连接使用，而在这个意义上，不仅体现出布伦塔诺对意向性的独创价值，也体现出他对来自经院哲学的"知识对象精神上内在于心灵中的学说"的抛弃。②

布伦塔诺是在区分心理现象和物理现象时，认为心理现象与物理现象能够区别开来的最本质特征就是"每一心理现象都包含某种作为其对象的东西"③，由此引入了意向性问题。"精神的本质性和规定性特征就是心理活动指向超越于自身的某物的能力。我们的思想始终是对某物的思想。精神越出自身的指称能力是其

---

① 转引涂纪亮：《胡塞尔的意向性理论》，《中国现象学与哲学评论》（第一辑），1995年，第3页。
② 关于意向性概念的资料可参见：郝伯特·施皮格伯格：《现象学运动》，王炳文，等译，商务印书馆2011年版，第91—92页；高秉江：《胡塞尔与西方主体主义哲学》，武汉大学出版社2005年版，第92—93页；李晓进：《西方哲学中意向性话题的嬗变脉络和发展动向》，《中山大学学报》（社会科学版），2012年，第1期。
③ 郝伯特·施皮格伯格：《现象学运动》，王炳文，等译，商务印书馆2011年版，第77页。

本质的和固有的能力之一。"①而施皮格伯格对此评价道:"于是布伦塔诺在这里第一次揭示出一种结构,它将成为一切现象学分析的基本范型之一。"②

　　胡塞尔继承了老师布伦塔诺的观点。在他看来,"在描述心理学的类别划分中,没有什么比布伦塔诺在'心理现象'的标题下所做的,并且被他用来进行著名的心理现象和物理现象之划分的分类更为奇特,并且在哲学上更有意义的分类了"③。但与布伦塔诺最初将"意向的"当作客体内在于意识的意义不同,胡塞尔放弃了一种内在的心理解释,意向性才获得"指向客体的意义"。此外,与布伦塔诺不同之处还在于,胡塞尔更加强调不同意向行为下的同一性问题,以及对象的意义问题。肯定地讲,胡塞尔的意向性概念至少有如下含义:"意向是任何一种活动的这样一种特征,它不仅使活动指向对象,而且还(a)用将一个丰满的对象呈现给我们意识的方式解释预先给予的材料,(b)确立数个意向活动相关物的同一性,(c)把意向的直观充实的各个不同阶段连接起来,(d)构成被意指的对象。"④

二、意向性概念的基本特征

　　胡塞尔通过意向性的分析,进一步指出意识的结构特征:意向行为(noesis)和意向对象(noema)。意向行为—意向对象的结构在胡塞尔那里还可以用"自我—我思—所思"来表述。对应地,在意识结构中,意向对象作为客观的方面也即所思,是意识流的对象极;而主观方面的或者说是主体方向的则是纯粹自我。

　　传统哲学中,有一种关于意向性的客观主义解释,这是胡塞尔在分析意向性时首先加以批判的。意识的客观主义认为意识与世界本身并没有关系,只有当外在世界影响意识时,意识才能与世界建立关系,形成关于世界的意识,此时,意识才是有指向对象的。而在现象学中,意识的意向性与意向对象的存在与否没有任何关系,如果说意向对象是物理性的客观存在,那我们所能意识到的东西的范围无疑是极其狭窄的。问题在于如何解释那些出现在我们意识中的非现实存在物,比如金山、独角兽之类,更别说那些既没有现实存在同样也不能想象实体存在的东西,比如规律等。因此,意识的意向性无关于对象存在与否,意识即使指向的是一个想

---

① 梯利:《西方哲学史》,贾辰阳,解本远译,吉林出版集团有限责任公司2014年版,第574页。
② 郝伯特·施皮格伯格:《现象学运动》,王炳文,等译,商务印书馆2011年版,第77页。
③ 胡塞尔:《逻辑研究》,倪梁康译,上海译文出版社1998年版,第406页。
④ 郝伯特·施皮格伯格:《现象学运动》,王炳文,等译,商务印书馆2011年版,第155页。

象、幻觉甚或是错误的知觉,它也是意向性的。丹·扎哈维认为:"有一个理论认为如果我要意识到某个对象,那么它就必须因果性地影响我;但是意向不存在的对象也是可能的,这是反对那个理论的关键论证。换言之,即使我所意向的对象并不存在,我的意向仍是意向性的。"①

胡塞尔另外反对的是关于意向性的主观主义解释。这种解释认为不论是我思还是所思都不是客观存在的东西,意向性首先应当被理解为和内在于意识的对象的关系。然而这样一来,行为与对象的区分就被取消了,也就是说,我思与所思的区分被取消。因此,胡塞尔指出,坚持我思的客观存在显然是错误的,我思是意向性的内存在,它具有指向性,总是指向所思。所思并不是内在于行为的,行为与对象的同一将导致不同主体或者不同知觉经验同一对象的不可能。为了正确把握二者的关系,胡塞尔区分了能指与所指,并分别采用了两个希腊词即意向行为和意向对象。胡塞尔说:"如果我向我自己呈现上帝、天使,或者可知的物自体,或者物理事物,或者圆的方,等等,我指的是,在每个情况下被命名的超越的对象,或者说我的意向性对象:无论这个对象存在还是想象的或者荒谬的,都没有不同。'这个对象仅仅是意向的'这句话并不意味着它作为意向的实在的(reelles)部分在其中存在,或者说它的一些阴影存在。而这意味着,被规定为对对象的指称的意向存在,并非那个对象也存在。如果意向对象存在,意向,也就是能指,并不单独存在,而是,被指称的事物也存在。"②

总之,意向性不是意识受外部世界影响才产生的外在关系,它并不预设意识和对象的存在,"意向性发生的所需要的所有条件是:具有对象——指向性这一合理内在结构的经验的存在"③。

纳坦森在说明意向对象和意向行为如何引领我们到达真正的意向性时,曾用了两个生动的案例。我们借用其中之一即"陪审团案例"④,来说明意识的意向性本质以及意向对象和意向行为的区别所在。"陪审团案例"是指发生了一件凶杀

---

① 丹·扎哈维:《胡塞尔现象学》,李忠伟译,上海译文出版社2007年版,第9页。
② 转引自丹·扎哈维:《胡塞尔现象学》,李忠伟译,上海译文出版社2007年版,第15页。
③ 丹·扎哈维:《胡塞尔现象学》,李忠伟译,上海译文出版社2007年版,第16页。
④ 莫里斯·纳坦森:《现象学宗师——胡塞尔》,高俊一译,允晨文化实业股份有限公司1982年版,第120-124页。

案,凶手被陪审团认定为有罪。我们假设我们有了一份每个陪审团成员同意判决时所做的判断的译文。其中出现有如下这些语型:被告有罪,我已细心注意证据,甄别证人证词,对律师的论辩做过反省,也注意了法官的指示,经过衡量,我得到这个结论;我深为厌恶这种威胁我们世道人心的兽性,我无法容忍对罪犯的纵容;谁知道什么叫有罪什么叫无罪?一个人能做的只是顺遂他的本能;我的兄弟被人家用头巾勒死,我在法庭上又看到那个人的脸,求我把事情推到别人身上去。我要为将来的人设想。现在我们把这些判断背后的动机排除,只考虑判断的性质,可以还原为:由法理程序决定有罪;由于恐怖的投射决定有罪;由于感觉结果认为有罪;由于个人经验认为有罪;不论他们为什么决定,不管这个为什么有多大的差距和不同,只是说明了意向行为的差异,而就对那一个人的判断本身一致而言,反映的是意向对象的同一性。

三、意向性概念超越了主客二分

胡塞尔曾言,"我们把意向性理解作为一个体验的特性,即'作为对某物的意识'。我们首先在明确的我思中遇到这个令人惊讶的特性,一切理性理论的和形而上学的谜团都归因于此特性……在每一活动的我思中,一种从纯粹自我放射出的目光指向该意识相关物的'对象',指向物体,指向事态,等等,而且实行着极其不同的对它的意识"①。意向性问题突出了意识的对象指向性,实现了意识研究的关键突破。或许有的人会认为,通过意向性问题来解决笛卡尔难题其实不过是回避消解问题而已,并不能使问题得到真正意义上的解决。不能说这样的认识是毫无道理的,然而,现象学的意向性其价值也正体现在对笛卡尔难题的消解中,需要补充的是,这个消解将笛卡尔难题视为伪命题,也就意味着困扰我们几百年来的认识论难题恰好正是主体开放的心灵所导致的自我困扰。因此索科拉夫斯基对此高度评价:"与笛卡尔、霍布斯和洛克的知识哲学具有的狭隘限制相比,现象学就是解放。它使我们跨出门外,而且恢复以前的哲学——它们把我们禁锢于自我中心的困境——所失落的世界。"②

有一种观点认为意向性问题的哲学意义突出表现在两个方面:一是强化了主

---

① 胡塞尔:《纯粹现象学通论》,李幼蒸译,商务印书馆1992年版,第210-211页。
② 罗伯特·索科拉夫斯基:《现象学导论》,高秉江、张建华译,武汉大学出版社2009年版,第13页。

体的认知能动性。二是人为什么总希望意识被对象材料充盈。① 如果单就意向性的意义而言,这个认识是恰当的。但如果从现象学背景出发来理解意向性的意义和价值,我认为第一点强调主体的能动性这样的表述是不合适的。因为就意向性的意义和价值而言,可以从三个方面来理解。实际上这里的出发点是意向性的"对象包容性和自我开放性"。

第一,通过意向性概念的介入及对之的认识,现象学帮助我们对认识或者说思维、逻辑开始重新思考。既然自笛卡尔以来,认识陷于主客二分的困境,对这一问题的回应无非可能有两种,一是认为问题并不是由于主客的对立所引起的,只是我们目前认识还没有通透而已。二是承认主客对立的缺陷。现象学从第二条道路出发认为,如果说我们无法通过主客二分寻求到认识的基点,那么可能的认识基点是什么,通过什么方法是可以获得的,就成为眼下迫切需要解决的问题。意向性概念通过对主客二分问题的消解,认为事物是自我显现和显现他物的,意识不是一个简单的"内在世界",意识与世界本身是直接关联的。因此,问题转变为如何揭示意识的意向性结构,换句话说,问题的核心转向认识方式上,起点的问题被搁置了。甚至可以发现对一个不容怀疑的认识基点的看法本身其实也不过是以主客的二元划分为前提的,因为意识对自身的追寻倒像是意识从"我"中分离出来之后才可能发生的。所以意向性概念的介入,有助于我们重新思考作为认识者的主体地位及作用。

第二,意向性概念有助于我们理解我们自身与认识对象的多种关联方式。前面关于意向性特征的说明已经揭示了意向性的丰富性,特别是多样性中的同一性。在现象学视野中,还有另外两个形式结构是始终贯穿于现象学认识的,即部分和整体的结构以及在场与缺席的结构。比如我们讲主体的缺失,那么主体是怎么从世界背景中被分离出来的,这种分离的道理何在?这就涉及整体和部分的结构,因为整体的拆分是有限制的,并不是什么都可以被分离,一般而言,我们认为只有实体性部分是可以从整体中拆分的,而要素则不能与整体分离,脱离了整体的要素是不存在的。意识本质上是意向性的,它是世界的一个要素而非实体性部分,主客二分没有分清实体性部分和要素的关系,是一个伪问题。因此分析意向性的多样性实际上也正是现象学的任务所在。

---

① 高秉江:《胡塞尔与西方主体主义哲学》,武汉大学出版社2005年版,第107页。

第二章　主体回归保证社会科学的可能性

第三,意向性概念可以引导我们有效探讨诸如现象和本质、差异和同一以及真理等重大哲学问题。实际上从胡塞尔的一生就可以看到,他始终在与怀疑论做斗争,同时还提供了一种哲学的态度。意向性的核心在于它把事物的显现方式和存在方式连接起来,不论是关于实存还是非实存,真实的还是虚幻的,就自身显现而言都是实在的,都需要我们认识和考量。

"对胡塞尔来说,意向性之所以具有哲学意义,乃是因为他在其中看到了解决传统哲学问题的契机。此后,无论是在胡塞尔晚年完成的超越论转向之前还是之后,意向性都构成了他的意识分析的核心课题。"①单就意向性而言,现象学要达到的直接目的就是克服自笛卡尔以来的主客对立造成的困境,从前面的论述可以发现,"主体如何达到客体根本不是一个问题,因为主体本身就是自我超越的,而且本身就指向与其不同的东西"②。

意向性概念所含有的意识必然是指向某物的特征说明,改变了我们传统对社会科学的哲学基础的说明方式。以意向性的指向性特征所带回的研究对象,不是一个独立于意识而存在的对象,而是由意向性指引出来的一个逻辑性的新的对象域。在纳坦森看来,意向性问题对于现象学而言是一个核心的问题,它引发甚至蕴含了如本质、直观、还原、真理等一系列现象学的关键议题。

第三节　开放的主体

在传统哲学中,主体主要指相对于客体而言的具有主观能动性的整个主体及其能力的全部领域。但在现象学术语里,主体性恰好意味着在传统哲学中主体抽象化的否定意义,而原因正是它与客体性的对立。因此胡塞尔提出了纯粹主体性,并用来指一种克服了主客二元划分的"绝对主体性"。"胡塞尔的超越论主体性概念在两个规定性上脱离开传统的超越论主体性概念。超越论主体性在任何意义上都不是'意识一般',而是我的——哲思者的——主体性,因此它也被称作'超越论

---

① 倪梁康:《现象学背景中的意向性问题》,《学术月刊》,2006年,第6期。
② 丹·扎哈维:《胡塞尔现象学》,李忠伟译,上海译文出版社2007年版,第16页。

本我',此外,超越论主体性'不是思辨构造的一个产物',而是'直接经验''超越论经验的一个绝对独立的王国'"①。

显然,现象学对传统主体概念持有的是一种否定态度,但在现象学内部,对主体的认识也存在着很大差异。我们看到,胡塞尔强调了先验主体性,而在海德格尔那里,主体实际变成了此在,一个能够反思存在意义的在世界中存在的存在者。不管如何,现象学领域的主体性是关系到知识可能性的关键问题。

一、胡塞尔对主体性问题的认识

胡塞尔对主体性问题的考虑是从自然态度开始的。从自然态度出发,必然会有主客二分的基本前提,但这一前提当然也是一个在历史中建构的事物,我们无法想象古希腊哲学家泰勒斯能认识到主客的二分。显然在早期人类思想中,是以直接地面向对象,以对象存在的基本信念为基础的。因此主客二分成为自然态度的基本前提是在历史中形成的。对于胡塞尔而言,这样的主客二分意味着某种意义上的"对应着一种研究分界(虽然不是一种实际的划分),其中一个部分是朝向纯粹主体的,另一个部分朝向着为主体而'构成'对象的东西"②。而在丹·扎哈维看来:"从《导论》到《逻辑研究》的第二部分,主体性的敞开变得更加明显。《导论》中心的和积极的任务是,表明观念性是客观性和科学知识的先决条件……人们面临一个明显的悖论:客观真理是在认知的主观活动中被认识的。而且,正如胡塞尔指出的,如果要得到关于知识可能性的更实质的理解,我们就必须研究和阐明客观观念性和主观活动之间的关系,我们必须确定认识的主体是如何使观念物正当化和有效化的。"③

对传统认识论中主客二分的难题,实际上也可以表述为心灵表象如何将我们引向对象的问题。因为主客二分之后的表象论认为,对象通过感官影响,在意识中形成关于对象的表象。通过对意向性的论证可以得到解释,"因为主体本身就是自我超越的,而且本身就指向与其不同的东西"④。这个论证包括对客观主义和主观主义的意识解释,对表象论的知觉理论的论证批判。在批判中胡塞尔主张两点:一

---

① 倪梁康:《胡塞尔现象学概念通释》(增补版),商务印书馆2016年版,第486-487页。
② 胡塞尔:《纯粹现象学通论》,李幼蒸译,商务印书馆1992年版,第203页。
③ 丹·扎哈维:《胡塞尔现象学》,李忠伟译,上海译文出版社2007年版,第5页。
④ 丹·扎哈维:《胡塞尔现象学》,李忠伟译,上海译文出版社2007年版,第16页。

是意向性不仅可以刻画我们对实际存在对象的意识特征,也可以刻画那些不是实际存在物的意识特征,被意向的对象不是意识的一部分。二是关于实在的和非实在的意向都是"超越的,外在于心灵的对象"。"意向性一个重要方面正是存在独立性。从来不是意向对象的存在使意识活动成为意向性的,无论这个活动是知觉还是幻觉。我们的心灵并不因受外在的影响而变为意向性的,并且即使心灵的对象不存在了,它也并不失去意向性。意向性并不是当意识受到对象的影响才产生的外在关系,相反的,他是意识的内在特征。"①

胡塞尔认为,认识论的问题是知识何以可能,而不是心灵或者精神如何获得外在客体的知识。这两个问题的区别在于胡塞尔直接抓住了知识的可能性条件。对此,胡塞尔采取了两个步骤,一方面反对当下流行的观点如心理主义,批判为什么他们不能解决这一问题。胡塞尔引入意向性概念很大程度上与批判心理主义有关,而批判心理主义的《逻辑研究》则构成了其基本声望。在批判心理主义时,胡塞尔指出,逻辑学研究观念性的结构和规律而心理学是研究意识的事实性性质的科学。心理主义混淆了二者,因此总是将一切归结为心理原因。这样一来,区分观念和实在就成为当务之急。心理主义试图将观念物还原为实在性的尝试,破坏了任何理论的可能性包括其自身,最终必然导致怀疑主义。

另一方面采取积极的办法去论述知识的可能性条件。这样的办法也可用来进行我们的阐述。比如自然主义和诠释学为什么在解决社会科学哲学问题时是有缺陷的,现象学又如何能真正建立并且建立什么样的社会科学哲学。当然,在胡塞尔看来,作为认识的主体,我们首先应该具备一些基本的辨别能力。丹·扎哈维因此讲道:"如果认知主体不具有区分真理和错误、有效性和无效性、事实和本质、明证性和荒谬性的能力的话,那么客观和科学的知识也是不可能的……他对实在的和因果的可能性条件并不感兴趣,他重视的是观念性的条件。也就是说,胡塞尔的目标并非发现那些使智人实际上获得知识而必须满足的事实上的心理学和神经学条件,而是探讨使任何主体能够具有知识的那些必备能力(不管他的经验和物质的构成)。"②从胡塞尔一生的工作中不难发现,他始终关注如何建构性地给出问题答

---

① 丹·扎哈维:《胡塞尔现象学》,李忠伟译,上海译文出版社2007年版,第15页。
② 丹·扎哈维:《胡塞尔现象学》,李忠伟译,上海译文出版社2007年版,第5页。

案,而不会止步于批判。

现象学要求回到实事本身,将我们的思考建立在实际被给予的东西之上,而由于只有在意识中实事才能显现,所以对意识的研究就成为必要。在《纯粹现象学通论》中,胡塞尔指出,当主体指向对象,并经验一个对象时,我们处理的并不是一个实在的关系,而是处理与真实的东西的意向性关系。

对于主客二分的问题,我们还可以举胡塞尔对物理存在与意识世界的例子来进一步认识。胡塞尔认为:"对物理物来说,感官显现的(知觉上给予的)物应该起'纯显相'作用,甚或起'纯主体的'物的作用。然而在我们先前论述的意义中已包含着如下意思,即这个纯主体性不应与(却往往如此)一种体验的主体性混淆,好像被知觉的物被归结为其知觉性质,而且好像这些知觉性质本身就是体验似的。"① 这一混淆的前提在于,在理性的推动作用中,一种物理思维它是建立在自然经验活动基础之上或者说至少是建立在一些关于自然的设定基础之上,形成了关于感性经验物的理论规定性,"正因如此出现了作为纯感性的形象物与作为物理学家的理智物之间的对立;而且对后者而言,一切观念上的本体思维结构产生了,它表现在物理学概念中,而且只从或应只从自然科学中得到其意义"②。当纯显现的自然形成了物理学的自然时,人们实际上"把纯直观中所与的自然的经验逻辑规定的这种洞见的理智所与物,理解作一个未知的物理现实世界本身时,这个世界被假定为供人们从因果律上说明显相之用的基础结构"③。而这种混淆的后果就是纯粹意识本身从眼前消失,把一种本属于意向世界的现实归于物理存在。

二、生存论现象学对主体性问题的认识

关于海德格尔的生存论现象学与主体性问题的关系,哲学界有不同的看法。一种观点认为,海德格尔关于主体性的认识,不只在意义上与胡塞尔的主体性具有同等地位,而且从内容上来看其实也相差无几,并没有本质的不同。在德国哲学家埃伯哈德·格里斯巴哈看来,胡塞尔与海德格尔对主体性的关注是一致的,只不过胡塞尔强调了主体性的意向性构成,海德格尔则强调了实存性谋划。"两位思想家

---

① 胡塞尔:《纯粹现象学通论》,李幼蒸译,商务印书馆1992年版,第139页。
② 胡塞尔:《纯粹现象学通论》,李幼蒸译,商务印书馆1992年版,第142页。
③ 胡塞尔:《纯粹现象学通论》,李幼蒸译,商务印书馆1992年版,第142-143页。

最终所关注的都是主体性或自我性,尽管胡塞尔的思想集中于一般逻辑的自我,而海德格尔则信赖于一种'从本体论意义和实存意义上解释的自我';在这两种情形中,对自我性的强调同样都蕴含着一种对主体性的人的计划的强烈迷恋——只是在一种情形中,这种主体性的人的谋划被表述为意向性构成,而在一种情形中却以实存性谋划来表达之。"①埃伯哈德·格里斯巴哈说:"尽管存在一种方法论上的改变,但一切在根本上依旧是相同的,自我居于他的世界的中心,而他的世界即是他与他自己相联系并按其想象塑造的世界。"②

而以弗莱德·R. 多迈尔为代表的一些哲学家则突出了海德格尔对胡塞尔主体性概念的超越。在多迈尔看来,不能简单地说主体在海德格尔这里就转化为此在。他认为,"正如《存在与时间》一书所表明的那样,人的实存不是自我控制的或自律的,它为存在所塑造。根据同样的原因,此在也不可能是自我、自我性或主体性的同义语"③。

不管海德格尔是不是与胡塞尔在主体性问题上相一致,我们关心得更多的是,海德格尔或者说生存论的现象学如何看待主客二分下的主体困境。瓦尔特·比梅尔对卡夫卡的小说《地洞》的现象学描述生动地展现了生存论现象学如何对待自我中心困境。卡夫卡的《地洞》基本情节不过是一只动物为了防御敌人而建造一个安全的栖身场所,但在自己精心建造的场所却依然不能获得安全,时刻被寂静或者微弱的声音所惊吓。在瓦尔特·比梅尔看来,《地洞》实际上是现代人的自我辩护过程,那只动物就是现代人的化身,地洞则代表了一种生命过程或者说实现着的生活。这只动物已经使地洞成为现实,但同时,现实却无时无刻不在威胁着它的生存。在这种分裂之间,"卡夫卡揭露出一个与一切生存相关的生存论的基本特征——即生命作为有待完成的作品以及它在已实现之物身上毁灭的可能性"④。

当这只动物言说"我造了一个地洞,似乎很成功"时,一个现代性的自我意识或者主体跃然纸上。地洞的意义也只有相对于这一主体而言才是有价值的,但这种

---

① 弗莱德·R. 多迈尔:《主体性的黄昏》,万俊人译,广西师范大学出版社2013年版,第65页。
② 转引自弗莱德·R. 多迈尔:《主体性的黄昏》,万俊人译,广西师范大学出版社2013年版,第65页。
③ 弗莱德·R. 多迈尔:《主体性的黄昏》,万俊人译,广西师范大学出版社2013年版,第61页。
④ 瓦尔特·比梅尔:《当代艺术的哲学分析》,孙周兴、李媛译,商务印书馆2012年版,第122页。

价值却包含在主体的自我孤立以及对旷野的征服中。当主体将自身分离孤立出来时,固然提供了一种远离对象的视角,但也可能将自身封闭而无法认识对象。由此,现代人的理性思维成为自我的异化,远离了自身,在生存中实现自己却不得不面对自我的毁灭的可能。瓦尔特·比梅尔就说:"建立在强力基础上的自我意识证明自己是没有能力达到存在者之切近处的。"①

生存论现象学所描述的这种主体性困境就是自笛卡尔以来哲学所面对的不幸遭遇。关键在于,我们如何去克服?瓦尔特·比梅尔提出另外一个关键概念即"切近"。切近在某种意义上就是一种自我显现,认识的可能首先需要努力去把握并理解切近本身。而在这一点上与胡塞尔又形成了关联。

到了法国现象学那里,特别如萨特,现象学与责任等相联系:"人除了自己认为的那样以外,什么都不是。这就是存在主义的第一原理。而且这也就是人们称作它的'主观性'所在,他们用主观性这个字眼是为了责难我们。"②萨特非常坚定地认为,主体性指向了哲学无法回避的基本预设,他认为,"的确,我们的出发点是个人的主观性,而所以这样说是根据严格的哲学理由。这并不是因为我们是资产阶级,而是因为我们要把自己的教导建立在真理上,而不是建立在一套漂亮的理论上,看上去充满希望,但是根基一点也不扎实"③。生存论现象学高度关注个体与世界的关系论证,隐藏在背后的就主体意识而言,反映的是主体如何实现自身的问题。

三、现象学回归主体对社会科学的重要意义

通过现象学的主体概念,回到对社会科学的反思中来,现象学到底可以带来什么?

不论是自然科学还是社会科学,或者其他非科学的认识,都是我们理解自然、社会和人自身的手段,因此我们当下对社会科学的认识是否符合一种当下的所谓科学标准并不重要,重要的是我们能不能在认识中实现自我,也就意味着科学的意义只能返回到主体中去寻找。举个例子来说,我们曾长时间讨论计划经济和市场经济的关系问题,争论的焦点集中在哪一种经济制度在本质上与我国现有基本政治制度以及基本国情是一致的。也就是,其问题为:理论与现实是否相符。但问题

---

① 瓦尔特·比梅尔:《当代艺术的哲学分析》,孙周兴、李媛译,商务印书馆2012年版,第149页。
② 萨特:《存在主义是一种人道主义》,周煦良、汤永宽译,上海译文出版社1988年版,第8页。
③ 萨特:《存在主义是一种人道主义》,周煦良、汤永宽译,上海译文出版社1988年版,第21页。

第二章 主体回归保证社会科学的可能性

进一步追究下去,就转变为:什么样的经济政治制度才能更有利于人的全面自我发展？因此,实际上这里的核心问题,并不是客观性即理论与实际是否相符的问题,而是来自人自身的意义领域。而这就是使主体的回归有了基础性作用。

自然主义忽视主体,在自然科学中完全排除主体,体现为一种抽象主体。当应用到社会科学时,忽视了社会科学对象的特殊性,忽视了作为研究对象的客体同时也是主体。因此自然排除了可能的价值取向等多方面需要考虑的因素。而诠释学注意到了自然主义的缺陷,因此它们提出一个不同于主体的概念即个体,强调了一个独立主体的重要性,也因此承认了历史文化等因素对主体的影响。就像狄尔泰说的,"任何一种事物都包含着某种至关重要的、与主我的关系"①。对狄尔泰而言,作为我们认识对象的客体,同时也必然具有某种与主体的关系,特别是在精神科学中,客体本身同时也是主体。因为作为一个研究出发点的基本事实即生活,它首先在于内含着人类的意义存在。而人类本身能成为精神科学的对象也是因为存在在生活和自我理解之间的关系基础之上。所以,在狄尔泰的诠释学基础上,"知识之主体在此与知识之对象一致,而对象在知识客观化的一切阶段都是同一个对象"。狄尔泰认为,"于是一方面精神世界是把握着的主体之创造,但另一方面精神的运动定位于其中达成客观知识。于是我们就面对这样一个问题,即主体中精神世界之建构如何使得精神现实之知识可能"②。

如果只是简单地比较社会科学中自然主义和诠释学传统对待主体的态度,显然诠释学更为合理,因为如狄尔泰所言,"只有当一个学科的主题,变成了我们可以通过这种建立在生活、表达和理解之间的联系之上的程序而加以理解的东西的时候,这个学科才会属于精神科学的范围"③。也就是说,只有将主体放入社会科学之中,社会科学才构成与自然科学具有本质区别的学科。然而,诠释学与自然主义一样过度地夸大了主客体的对立。诠释学的不足也恰恰在此,因为它也仅是将主体拉入其中,而不能从根本上实现主客体的同一性。现象学中主体的回归除了诠释学这一含义之外,还具有更重要的一层含义,就是指出主体的认识可能性以意向性为基础,而意向性根本上意味着对主客二分的超越。意向性"它不再意味着心灵

---

① 狄尔泰:《历史中的意义》,艾彦译,译林出版社 2011 年版,第 9 页。
② 狄尔泰:《历史理性批判手稿》,陈锋译,上海译文出版社 2012 年版,第 3 页。
③ 狄尔泰:《历史中的意义》,艾彦译,译林出版社 2011 年版,第 8 页。

体验的主动性,而是意味着纯粹意识的'意向构造能力和成就',意味着在现象学角度上对主客体关系的最简略描述:'意向性'既不存在于内部主体之中,也不存在于外部客体之中,而是整个具体的主客体关系本身。在这个意义上,'意向性'既意味着进行我思的自我极,也意味着通过我思而被构造的对象极。这两者在'意向性'概念的标题下融为一体,成为意向生活流的两端:同一个生活的无内外之分的两个端点"①。也就是说,现象学的意向性使得我们对社会科学或者其他任何事物的认识不再考虑客体与主体的符合问题,而是直接肯定地从意识与对象的同一性开始。

此外,我们在前面主体缺失的困境中曾提到过,主体性的缺失使意义被排除在科学之外,造成了主体与客观性的对立,容易过度强调主体的绝对统治地位,使理性背离了人类生存的目的等问题。显然,如果我们认为现象学能够使主体回归对社会科学是有价值的,就是说,承认了主体的回归可以解决这四个方面的问题。而对这一论断却需要我们进一步展开。事实上,对这四个问题的回答不仅仅是回应主体回归的意义,同时也是对我们整个现象学介入社会科学的回应。我们将在后面的章节中逐步回应。

与现象学的社会科学的主体回归相比,无主体的困境已经在前面的论述中得到了明确。但值得一提的是,现象学提出社会科学主体的回归,并不是独一无二的,比如后现代主义者在面对传统认识论意义上的主体概念时,他们除了对之有一致的基本批判之外,还呈现出比较大的分歧。有的将主体视为现代性的象征而直接反对并拒绝,有的试图做出修正,一部分后现代主义者也提出过主体的回归。比如我们前面提到的弗莱德·R.多迈尔就努力试图提出一个不同于来自认识论意义上的主体概念,他认为主体除了认识意义之外,还主要包括社会以及政治的因素,因此,他所提出的主体涵盖了"实践—道德"以及"认知—认识论"的尺度。后现代主义者这两种不同的态度可以说都受现象学的影响。那么后现代的主体回归是否超越现象学?不可否认,后现代的主体具有与现象学的主体同样的意义,比如不仅仅将主体作为认识论意义上的主体,但问题在于,它所主张的主体甚至也失去了一种存在意义上的同一性,因此成为一种片段的、零碎的主体。这样一来,人的意义问题也被消解,这恰是我们所不认可的。

---

① 倪梁康:《胡塞尔现象学概念通释》(增补版),商务印书馆2016年版,第269-270页。

第二章 主体回归保证社会科学的可能性

当然,主体的回归不只是在哲学层面来谈的,受现象学影响,在具体的社会科学领域,有一部分社会科学家自觉地回避或者解决主客二分以及主体缺失造成的困难。在理论社会学领域,以结构理论与对当代社会的本体论研究而闻名的英国社会理论家和社会学家的吉登斯就是代表之一。他和法国的布迪厄(又译为布尔迪厄)、德国的哈贝马斯被认为是当代欧洲社会学界的三杰,推动了当代西方人文社会科学理论和方法论的重大变革。在吉登斯的结构化理论中,"结构"一词有着特殊的含义。吉登斯认为,"相对个人而言,结构并不是什么'外在之物':从某种特定的意义上来说,结构作为记忆痕迹,具体体现在各种社会实践中,'内在于'人的活动而不像涂尔干所说的是'外在的'"①。也就是说,吉登斯反对类似涂尔干那样的自然主义立场下对客观社会事实的强调,而是将结构和主体连接起来,实现主体和客体的统一。因此,吉登斯也讲,"社会学关注的不是一个预先给定的客体世界而是一个由主体的积极行为所构造或创造的世界"②。结合我们关注的主体问题,波林·罗斯诺对吉登斯的主体认识有一句十分恰当的评价:"吉登斯赞成'边缘化'主体但是不赞成它的'消失'"③。

主张主体回归的还有皮埃尔·布迪厄。布迪厄是当代法国著名的社会学家、思想家和文化理论批评家,他在《实践感》一书开篇就讲道:"在人为地造成社会科学分裂的所有对立之中,最基本,也最具破坏性的,是主观主义和客观主义的对立。"④因此他试图在整合二者的基础上重建社会科学。仅就主体问题而言,主要通过他的一个核心概念即习惯(habitus 又译为生存心态⑤)体现出来。"习惯"一词是布尔迪厄自己新创的,实际是为了说明作为社会行动者的人的双重结构特征,"它不只是行动者内心深处'内在化'和被结构化的主观心理状态,而且,它既积累着行动者的历史经验和凝缩着社会历史的发展轨迹,同时又不断地向客观世界实现'外在化'和结构化,成为建构社会存在条件的'生成性原则'和区分化原则"⑥。因此,主体既在习惯中被确立的同时也不断参与到实践中使习惯成为习惯自身。

---

① 吉登斯:《社会的构成》,李康、李猛译,生活·读书·新知三联书店1984年版,第89页。
② 吉登斯:《社会学方法的新规则》,田佑中、刘江涛译,社会科学文献出版社1976年版,第277页。
③ 波林·罗斯诺:《后现代主义与社会科学》,张国清译,上海译文出版社1998年版,第86页。
④ 皮埃尔·布迪厄:《实践感》,蒋梓骅译,译林出版社2012年版,第33页。
⑤ 参见高宣扬:《论布尔迪厄的"生存心态"概念》,《云南大学学报》,2008年,第3期。
⑥ 高宣扬:《论布尔迪厄的"生存心态"概念》,《云南大学学报》,2008年,第3期。

第三章 时间意识建构作为对象的社会科学

在社会科学中,时间问题曾一度被排除在外。正如华勒斯坦以讽刺的口吻说,"所谓经典的科学观一直占据着主导地位。它基于两个前提,一个是牛顿模式,认定有一种对称格局存乎过去与未来之间……第二个前提是笛卡尔的二元论,它假定自然与人类、物质与精神、物理世界与社会/精神世界之间存在着根本的差异"①。牛顿的绝对时空观是基于近代自然科学的发展,因而也是立足于牛顿力学的传统科学观的一个理论基础。当这种自然科学的认识模式被外推至社会认识领域时,社会科学就被看作总是处在永恒的现在,时间是外在的。现象学对时间的分析,为我们提供了一个与这种经典科学观不一样的社会科学观念。

时间性的研究在现象学中具有突出的作用,我们知道胡塞尔和海德格尔都对时间做过严密的分析。在现象学领域,时间可以从三个层面来看:第一即客观时间或者说是钟表时间;第二是内时间或者说是主观时间,它"属于心灵活动和经验即意识生活事件的绵延和序列"②。第三是内时间意识。虽然内时间意识在一般意义上不能直接称为时间,但在现象学看来,内时间意识不仅是我们意识行为的开始,其他任何意识均以之为前提,而且它还构建了客观时间与主观时间。它超出了前两个时间层次,打开了意向性分析的领域,使意向性突破了传统哲学二元对立。

第一节 时间与社会科学

社会科学中时间问题的提出至少包括两个方面:一是为社会科学寻求坚实的哲学基础。在现象学的视域中,不加追问地接受某种实存是不可接受的。因此,以

---

① 华勒斯坦:《开放社会科学》,刘锋译,生活·读书·新知三联书店1997年版,第3页。
② 罗伯特·索科拉夫斯基:《现象学导论》,高秉江、张建华译,武汉大学出版社2009年版,第128页。

时间为例,当时间问题出现在现象学中时,我们日常认定的时间是可以被测量的、时间是线性等等观念都应该被放弃,就意味着"时间如何以这样一种有效性显现,它是如何以这样一种有效性被构成的:然而,为了开始这个分析,进行一个悬置是必须的。我们必须悬置我们对客观时间的存在和本性的素朴信念,并且以我们直接熟悉的时间类型为出发点来取代它,我们必须转向体验到或者被体验的时间"①。因此,现象学的提问方式,或者说现象学介入社会科学哲学之后,直接意味着对现有的社会科学的基本概念的悬置和反思。二是因为"社会科学家们理解时间并把时间纳入自己理论的方式有问题"②。在芭芭拉·亚当看来,尽管社会科学家从各自不同的角度对时间进行了广泛多样的研究,但显然他们总是把时间当作单一的概念在使用,尽管认识到了时间理解的不同差异,却对这些差异没有给以足够的重视,没有进一步深入追问时间,因此不论他们的研究是多么地深入,但就时间而言却和常识认识没有两样,时间被视作理所当然。"看来,不仅在社会理论的思考中缺失了时间,在思维、语言和我们须臾不离的日常生活中,时间也没有展示出多面性。"③而且当时间这样被视作僵死的对象时,时间的自我显现也就成为不可能,社会科学理论恰因为这个原因而真正失去了时间性,失去了一个可能的真正的科学起点。

一、社会科学的绝对时间观念

与自然科学不同,社会科学中的主流时间观念虽一直如牛顿那样将其当作自然的不变项,却始终存在着一个对立面即源自诠释学传统的主观时间的认识:时间与体验相关,与生命相关。二十世纪后期,社会科学的时间观念出现了重大转变,时间开始成为一个被社会科学家高度自觉关注的核心概念,作为内在变量而出现在社会科学研究中,还出现了如时空社会学之类的学科门类。时间不再如在自然科学中那般处于缺席状态,"而是认为时间隐含在我们生活的方方面面并渗透着多种多样的意义"④。

对社会科学中的时间问题的哲学研究一直如前所说保持着两种对立的路线,

---

① 丹·扎哈维:《胡塞尔现象学》,李忠伟译,上海译文出版社2007年版,第83页。
② 芭芭拉·亚当:《时间与社会理论》,金梦兰译,北京师范大学出版社2009年版,第1页。
③ 芭芭拉·亚当:《时间与社会理论》,金梦兰译,北京师范大学出版社2009年版,第3页。
④ 芭芭拉·亚当:《时间与社会理论》,金梦兰译,北京师范大学出版社2009年版,第2页。

即自然主义和诠释学的立场。而且对于时间的不同理解也构成了两种路线下某些最为基本的认识上的不同,比如社会事实的实在性问题、客观性问题等等。自然主义认为存在着一种社会事实,在过去、现在以及未来都有其实在性,社会发展有具体的演化规律等,关于它们的认识具有客观性,因而人们可以对社会科学做出原因上的说明或解释。而诠释学则主张时间更多地体现如人们的内在感觉,因此相对于自然主义,诠释学一般将时间与人生、意义等联系起来,强调了时间的内在特征。

结合社会科学的发展历程来看,社会科学的建制过程以自然主义思潮的影响为主。为了达到如自然科学那样的所谓的外在客观性等,社会科学长期将时间排除在外。时间问题在社会科学中首先以自然主义的绝对时间为基础确立了基本前提。在一个具体的时间框架内,我们才能确认一种前后相继的因果联系,而这也正是近代自然科学得以确认其对事物原因的追求的基础条件。因为只有将时间本身视作一种线性的流逝过程,事物的前后相继才是成立的。也正是因为时间的线性流逝,过去、现在以及未来的同一,自然科学的实验方法才有合理性,显然实验方法的基本前提就是事件的可重复性即在时间上的不变性。只有首先肯定我们可以在不同的时间内重现同样的事件,实验方法才是可能的。此外时间的绝对化还为自然科学的真理性追求奠定了基础,因为这种真理性的追求需要一个基本前提即不变的事物本身或者说确定性。逻辑经验主义的代表人物赖欣巴哈认为,科学对时间的描述从一开始就采取了简化的办法,"他剔除这个描述的感情部分,把他的注意力集中于时间关系的客观结构上,希望这样就能达到一个逻辑建构,来说明我们关于时间所知道的一切"[①]。这样做之所以在赖欣巴哈看来依然是有效的,是因为他坚持哲学是"通过逻辑分析而进行的意义澄清工作"。而所有无法从经验得到证实的东西都应该被排除在外,显然,对时间的非逻辑认识应该被排除出去。

二、作为资源的时间

如果说,以自然主义和诠释学传统为代表的时间观念可以被称为现代时间的话,那么后现代主义者则提出了另外一种根本不同的时间认识:"通过时间度量的技术和商业价值对时间的同化,我们看到,西方时间控制了全世界……但不只是时

[①] 赖欣巴哈:《科学哲学的兴起》,伯尼译,商务印书馆1983年版,第114页。

第三章 时间意识建构作为对象的社会科学

间尺度的统一,也有时间价值的同一,时间价值简化为工作时间的商业价值。"①

在后现代主义者看来,现代的时间作为一种可以被测量的东西,在工业化时代被转化为一种资源、商品,一种可以通过它来实现对人的控制的东西,因此对现代性的批判也就意味着对时间的批判和推翻。他们对时间的批判也因此是极其根本的。波林·罗斯诺总结说:"大致说来,它们对如下观点表示了怀疑:第一,存在着一个实在的、可知的过去,一个关于人类观念、制度或活动之演化进步的记录;第二,历史学家应该是客观的;第三,理性使历史学家们有能力去说明过去;第四,历史的作用在于一代接一代地解释和传递人类文化和知识遗产。"②在他们看来,现代性的时间就是现代性本身,时间成为一种社会资源甚至一定程度上成为奴役关系的帮凶。因此后现代主义者不仅反对时间的线性观念,而且一度有后现代主义者完全排斥现代时间。

波林·罗斯诺对后现代的时间认识曾做出过详尽的解释。我们可以从两个方面来展开他的论述。首先是后现代主义对传统时间观的推翻。除了我们在前一段提到的时间作为现代性本身,"线性时间被看作是令人生厌的技术的、理性的、科学的和层系的"③,时间"是人类的一项发明创造,是语言的一项功能,因此它是随意的和不确定的"④。因此,在波林·罗斯诺看来,怀疑论的后现代主义基于对传统时间的这两点认识进而对所有关于时间的已有见解发起了攻击。而最极端的怀疑论的后现代主义者则完全抛弃了时间。他以德里达为例,指出类似德里达这样的取消在场和不在场的区分或者说对事物状态的背反认识在现代的时间观念世界里是无法找到基础的。

其次是后现代时间观念在社会科学中的实际影响。波林·罗斯诺看到了怀疑论的后现代主义者取消现代时间认识对社会科学所产生的众多麻烦,指出如果完全废除现代时间观念,必然会导致社会科学研究无法预料的后果,因为它基本上意味着对社会科学的重建。但波林·罗斯诺同时也看到了肯定论的后现代主义者对

---

① 西尔维娅·阿加辛斯基:《时间的摆渡者——现代与怀旧》,吴云凤译,中信出版社2003年版,第5页。
② 波林·罗斯诺:《后现代主义与社会科学》,张国清译,上海译文出版社1998年版,第91—92页。
③ 波林·罗斯诺:《后现代主义与社会科学》,张国清译,上海译文出版社1998年版,第99页。
④ 波林·罗斯诺:《后现代主义与社会科学》,张国清译,上海译文出版社1998年版,第100页。

时间观念的修正相对于社会科学具有重要价值,他以国际关系学和公共行政两个学科说明了后现代时间观念介入带来的重大影响。比如在国际关系学领域,后现代主义者反对被多数认可的关于空间和时间的划分,如每个政治实体都觉得自身在一定的时间和空间内享有某些权利。"这些后现代学者应用后现代时间观和地理观以消除国内政治学和国际政治学之间的界限。他们把后现代的国际关系定位为既是国内的又是国际的交汇点上,定位在被称为'非处所'的位置上。"[1]也就是说,他们通过后现代的时间观对政治学的基本立足点提供了不同于传统的辩护。而在公共行政领域,后现代的时间观以及空间观等介入,使得"城市是一个文本,有不同的读者对它做出不同的理解构成"。

相应地,后现代的时间观念介入社会科学在波林·罗斯诺看来就存在着两种不同的后果,一方面是可能存在的麻烦,另一方面则是其具备的重要价值。对此我们认为,不仅在逻辑上如此,社会科学的实际发展也证实了此状况。因为,类似极端的怀疑论那样完全排除现代线性时间观念等,将必然导致我们当下理解社会的理论失去最基本的因果依存关系,或者说理论可能也就无法被建构出来提供我们理解社会的具体方式。但如果因此将后现代的时间观作为错误的东西直接拒绝,显然也是不合适的。特别是如著名的物理学家霍金都在其《时间简史》中表达,不存在一种绝对的我们所看到的可测量时间,时间是一个主观的概念,他甚至认为想象的时间才是真正实在的时间,而我们所以为的实在的时间不过是想象的虚构而已。

三、社会科学内的时间研究

但是应当注意到,在谈及社会科学的时间观念时,必须在两个层面展开。我们前面谈的都是在构成社会科学基本概念的意义上,也就是说在社会科学哲学的层面上开展的。而时间问题对于社会科学还有另外一个很重要的方面,就是在社会科学内部开展的时间问题研究。之所以要做出这样的区分并且将社会科学内部的时间研究与哲学层面的时间问题同时提出来,一个很重要的原因是因为哲学层面的特别是自然主义的时间概念首先构成了社会科学研究的基本立足点,而当社会科学将时间作为对象开始研究时,时间概念却逐步远离了自然主义基础上的时间概念。因为人们在认识社会的过程中,看到了时间所表现出来的与自然时间的重

---

[1] 波林·罗斯诺:《后现代主义与社会科学》,张国清译,上海译文出版社1998年版,第108页。

大不同。因此时间作为对象在社会科学中一开始就表现出某种社会性。而具有社会性的时间又反过来促使人们不得不重新考虑作为概念基础的自然主义时间观与社会科学的适应性。

如果根据之前我们对时间的论述直接得出社会科学研究与时间无关显然是夸大了二者之间的脱节。就作为社会科学对象的时间以及方法论意义上的时间而言,早已有之,如涂尔干、马克思和狄尔泰等人都对时间有过深刻研究。因此,芭芭拉·亚当在《时间和社会理论》中指出,"虽然对社会科学关切时间本身的合法性问题莫衷一是,但是,在承认时间对于社会理论的重要性方面,却达成了相当的共识"①。

从时间的经验研究来看,社会科学与自然科学有明显的不同,自然科学中的时间研究主要倾向于对时间属性的研究而不关注时间的本质,主要包括如时间的维度问题、时间的方向问题、时间前进的方向问题以及时间存在的形式问题。② 而社会科学中的时间研究则总是会带有某种程度的哲学意味。在马克思那里,劳动时间一方面具有"量"的规定,意味着在"在这个社会生产领域的分配和统计关系"。另一方面,劳动时间更是关系资本主义本质的基本概念,资本主义生产的目的就是获取剩余劳动时间所创造的剩余价值。

相当一部分哲学家或者社会科学家把注意力放在对时间的理解上,试图以此来重建社会科学研究范式。正如华勒斯坦所言,"如果我们把时间和空间的概念看成是世界(和学者)借以影响和解释社会现实的社会变量,我们就面临着发展一种方法论的必要性,从这种方法论出发,我们可以把这些社会机构置于分析的前台,而与此同时又不把它们当作一些任意的现象来看待或利用"③。

在安东尼·吉登斯看来,"大多数社会分析学者仅仅将时间和空间看作是行动的环境,并不假思索地接受时间为一种可以测量的钟表时间的观念,而这种观念只不过是现代西方文化特有的产物。除了近来一些地理学家的著作外……社会科学家一直未能围绕社会系统在时空延伸方面的构成方式来建构他们的社会思想"④。

---

① 芭芭拉·亚当:《时间与社会理论》,金梦兰译,北京师范大学出版社2009年版,第11页。
② 汪天文:《时间理解论》,人民出版社2008年版,第71页。
③ 华勒斯坦:《开放社会科学》,刘锋译,生活·读书·新知三联书店1997年版,第82页。
④ 吉登斯:《社会的构成》,李康、李猛译,生活·读书·新知三联书店1984年版,第195页。

因此,当一种未被考虑的作为背景的时间与社会现实的时空延伸遭遇时,必然带来某种"反差",而这在吉登斯看来正是社会科学裹足不前的根本原因。而且,这种以牛顿力学为代表的时空观即时空作为不变的分析背景长期处于社会科学的主流位置。也就是说,社会科学在很长一段时间内处理的其实是一个没有变化的世界,即使偶尔有些时间因素不经意纳入其中时,也必然会被束缚在某个静态体系中。

尽管如前所说,涂尔干、马克思等人都曾把时间作为构成社会事实的内在要素来考虑,但真正取得重大进展却是很晚近的时候。这其中如古尔维奇、福柯、吉登斯以及布尔迪厄等人均做出了重大贡献。他们有一个共同特征就是受现象学影响。福柯姑且不论,古尔维奇被视为现象学的社会学家,布尔迪厄在代表作《实践感》开篇就提到现象学对他的影响,吉登斯也同样如此。古尔维奇正是在对时间的现象学分析中,批判了社会科学不假思索地将客观时间当作研究前提,在这一基础上构建客观规律的观点。但他同样也批判了胡塞尔,认为对时间意识的研究没有超脱出主观唯心主义。因此他吸取了亚里士多德的部分观点,认为时间即运动的多样性。古尔维奇试图说明构成社会的要素"倾向于在它自身的时间中运动。一个社会若不能将其社会时间的多样性统一起来,就不能生存下去……每个总涵社会都试图建立一个统一的社会时间的等级结构体系"[①]。

第二节 时间的现象

现代世界的时间观念实际是一种理论和常识的混杂物,在混杂中,我们体验着生命的循环往复,也体验着时间的不断流逝,我们还在精确的时间计量中重建我们自己生命的价值。然而,当试图追问时间是什么时,我们还是不得不回到千年前奥古斯丁的描述中:"时间究竟是什么?谁能轻易概括地说明它?谁对此有明确的概念,能用言语表达出来?可是在谈话之中,有什么比时间更常见,更熟悉呢?我们谈到时间,当然了解,听别人谈到时间,我们也领会。那么时间究竟是什么?没有

---

① 古尔维奇:《社会时间的频谱》,朱红文,等译,北京师范大学出版社 2010 年版,第 12 页。

人问我,我倒清楚,有人问我,我想说明,便茫然不解了。"① 显然,这是一种哲学的追问,与科学的时间研究总预先设定时间,将时间作为一个不变项不同,只有哲学才能对时间本身提出追问。那么这些不同层面和领域对时间的关注能够给我们带来什么呢?

一、文学中的时间

常识的时间在文学作品中有极其生动的表达。人生的反复无常、时间的不断流逝、光阴的一去不返,在作者笔下被极度地描述,生命由此充满了悲剧色彩,人有限的生命总是在时间的不可扭转中消逝着。而这种生命本身的内在悲剧色彩又给人以重建自身意义的动力,追求在有限的生命中绽放绝对的光辉是人们突破时间限制的唯一可能。古往今来的文学作品无不如是。

我国古代有着无数的诗句都表达了对时间流逝和生命价值之间的关联和感慨。《乐府诗集》中有这样的诗句:

青青园中葵,朝露待日晞。
阳春布德泽,万物生光辉。
常恐秋节至,焜黄华叶衰。
百川东到海,何时复西归?
少壮不努力,老大徒伤悲。

奥斯特洛夫斯基在《钢铁是怎样炼成的》中写道:"人最宝贵的是生命,生命对每个人只有一次。人的一生应该这样度过:当回忆往事的时候,他不会因为虚度年华而悔恨,也不会因为碌碌无为而羞愧;在临死的时候他能够说:我的整个生命和全部精力,都已经献给了世界上最壮丽的事业——为人类的解放而斗争。"

时间的不可逆转导致了生命的悲剧色彩,也正是时间的不可扭转,生命才凸显出其存在价值和意义。在这种悲剧色彩中,隐含着关于我们人类的形而上学的"神性",也就是人的超越性,或者说就是我们人之为人的根据。我们在文学作品中感受着自己内心的生命本身,从而激发外在的生命重构之行动。当我们走向外在行动时,可计量的时间就必然显现出来,这就和科学的时间观联系起来。因为有限时

---

① 奥古斯丁:《忏悔录》,周士良译,商务印书馆1996年版,第242页。

间的生命需要抓住每一刻了解改变自我和世界,时间由此有了划分的必要。问题在于,这样的计量能解决我们内在的悲剧色彩吗,计量时间的出现难道不会导致对生命的再次遮蔽吗?

二、科学中的时间

科学中的时间源自希腊哲学,时间总是以星辰运动为依据,被设想为顺序相继的量度。"16、17世纪科学革命的本质是希腊古典科学精神的复活,特别是毕达哥拉斯—柏拉图主义的复兴。因此,在时间概念上,并不存在一个革命性的变化——在科学革命中诞生的近代科学继续沿用测度时间概念。"①这里所谓的测度时间是吴国盛先生用来指称因人们为把握时机而对时机做出精细的测量,并把测量本身当作时间的经验时间。他借用牛顿的观点即我们通常用如年月日等量度取代了真正的时间,指出正是有这种明确的有测度结构的测度时间概念,近代科学才可能展开前面我们已经讲到的数学和实验方法下的高速发展。

那么牛顿所代表的科学的时间观念具体有什么特征呢?这是我们这里特别关心的。尽管自十七世纪中叶惠更斯发明摆钟以来,计时精度不断提高,但要到十九世纪后期,现实的需要才促使人们制定了统一的计时标准。1840年为避免混乱,大西铁路采用格林尼治平均时间。1847年起,采用格林尼治平均时间作为所有英格兰和苏格兰铁路时刻表的标准。不过造成朝向一个单一标准时间的最一致的推动力是1851年的伦敦万国工业博览会,超过六百万人第一次体验一个标准的时间体系。直到1880年格林尼治平均时间才被采纳为全英国唯一的法定的时间标准。1884年国际子午线会议召开为世界确立了一套统一的计时标准GMT。之所以能够形成统一的标准是因为背后所隐含的一系列关于时空的假设。

在牛顿的巨大科学成就中,时间却只是一个未加批判的不变项。时间是绝对的,与外界事物无关。未来、现在和过去也没有差别。我们这里直接采用汪天文先生对关于时间的科学思维方式的总结来进一步说明近代科学中的时间观念的特征。汪天文先生在《时间理解论》一书中,比较全面地总结出五个特点:一是时间的空间化倾向即时间仅作为空间的某种属性;二是时空的逻辑化,这里更多的是体现数学的应用;三是时间的形式化,具体如时间是线性的还是循环的,时间的存在方

---

① 吴国盛:《时间的概念》,北京大学出版社2006年版,第104页。

式是怎么样的等;四是时间的去主体化,即忽视主体的存在,科学由此将主体排除在外;五是标准的多元化,这里主要指由于理解不同而出现的各种差异,比如牛顿的绝对时空观和爱因斯坦的相对论的差别。

从上述五个特征不难发现,对于时间问题的思考实际和科学本身的认识是紧密相关的,在科学领域对时间问题的思考几乎可以完整地体现科学思维的基本特征。总体上而言,"现代科学,尤其是物理学,即使没有完全取消,也总在想降低时间在事物中的作用。因此时间被称为忘却的维度"①。而这些特征不仅仅只是反映在自然科学中,随着实证主义对社会科学的影响,社会科学在很长一段时间内也秉承了这样的思维。

三、哲学中的时间

早在奥古斯丁提出他那著名的时间之问之前,古希腊哲学家就开始处理时间问题。"时间是哲学家不断思索研究的一项课题。数学家惠罗特在他的名著《时间的自然哲学》里面,强调阿基米德和亚里士多德是对时间持两个极端看法的代表人:亚里士多德认为时间是内禀的,对宇宙来说是基本的,而阿基米德的看法就完全相反。"②

从历史上看,最早考虑时间问题的哲学家究竟是谁还有一些争论,有的人认为可以追溯到阿那可西曼德,也有人认为是赫拉克利特等。但就对今日影响最大甚至说仍是今日时间认识主流的则无疑是亚里士多德的时间观。与柏拉图将时间领域看作其真实性次于理念物真实性不同,亚里士多德对时间给予了足够的重视,时间总是与运动相联系,如"时间是有关之前和之后的运动的量化量度"。他的思想构成了近代科学对待时间问题的基本观念来源。

斯多亚学派认为,时间是世上运动的间隔。洛克则修正了亚里士多德的时间观念,他说时间并不必然是运动的量度,也是"任何恒常的周期性显现"的量度,因此即便太阳不在天上运动,而只是加强和减弱光照,这一变化的节奏还是能作为一个参数完美地服务于对时间的度量。洛克的修正许可了今天非机械的时间度量仪

---

① 彼得·柯文尼,罗杰·海菲尔德:《时间之箭》,江涛,向守平译,湖南科学技术出版社1995年版,第1页。

② 彼得·柯文尼,罗杰·海菲尔德:《时间之箭》,江涛,向守平译,湖南科学技术出版社1995年版,第6页。

器,例如石英钟。但他仍把时间设想为顺序和连续。① 其后,莱布尼茨和牛顿也基本继承了这样的观点,直到康德甚至爱因斯坦都如此。值得一提的是赖欣巴哈对相对论的界定。他说:"相对论预设的仅仅是时间的顺序而非方向。"

"事实上,我们可以度量时间,但这并不能保证我们知道时间是什么"②,因此来自亚里士多德的时间观念也一直被主观时间观念所反对,而其代表以奥古斯丁为最。奥古斯丁否认了任何以可度量的单位来定义时间的所有尝试,"时间的真正量度是一种内在的量度"③。在奥古斯丁看来,时间不是一种外在的客观物,它实质是人的意识活动的展现。正是因为这个原因,奥古斯丁的时间观念构成了胡塞尔现象学内在时间意识的主要思想来源。但奥古斯丁之后,他的思想在亚里士多德传统的一统天下局面中没有能得到进一步的发展。直到康德那里,一种先天直观的时间观念才被人们重视起来。康德认为,时间不是从经验中得出的经验概念,也不是推理而出的普遍性概念,它只是感性直观的纯形式,"即我们自己的直观活动和我们内部状态的形式……是一般现象的先天形式条件"④。这样一来,康德的时间概念与人的主动性就联系起来,人成为现象与物自体之间的一个中间环节。柏格森对康德时间观做了批判性的发挥,时间彻底成为纯粹意识的东西,作为纯粹的绵延的时间本身就是自我的生命的开展。他的时间观念对胡塞尔也有深刻影响。

哲学对时间的思考,不管是从客观出发,还是从内在出发,都构成了人们认识事物的基本思想因素。在德里克·毕克顿的《语言的根源》里有一个思维实验⑤,我们可以借用:假想我在一个非常原始的部落中生活了一年,我很粗略地懂得他们的语言(诸如一些物体和简单动作的名称)。我与部落的 Og 和 Ug 一起出去打猎,他俩刚刚打伤了一头熊,熊流着血,躲在洞里。Ug 想追进洞里干掉它。但是我记得数月前,Ig 遇着同样的情况,追进洞里却被熊吃掉了。我想提醒他俩这件事,但是,要这么做的前提是我有办法说得出,我记得一个过去的事即过去 Ig 追熊反被

---

① 克里斯滕·利平科特等:《时间的故事》,刘研,袁野译,中央编译出版社 2012 年版,第 12 页。
② 克里斯滕·利平科特等:《时间的故事》,刘研,袁野译,中央编译出版社 2012 年版,第 14 页。
③ 克里斯滕·利平科特等:《时间的故事》,刘研,袁野译,中央编译出版社 2012 年版,第 15 页。
④ 康德:《纯粹理性批判》,邓晓芒,人民出版社 2004 年版,第 36 - 37 页。
⑤ 克里斯滕·利平科特等:《时间的故事》,刘研,袁野译,中央编译出版社 2012 年版,第 16 页。

熊吃的这件事。可我现在不知道"任何时态"或诸如"我记得"这类观念。所以我只能说,"Ig 看见熊"。显然他们俩以为我看见了另一头熊,很紧张。我让他们放松说熊不在这。可却没有任何语言上的任何办法来表达这样的事态。当我试图求助于图画时,发现即使是图画依然依赖于前后的顺序。值得注意的是,在我关于过去和现在概念中,根本没有任何东西可以告诉我,我的对话者对时间的空间概念将是什么样。因此不只是社会科学变得不可能,而且人失去了认识事物的可能。

此外,不同的文化对时间都有各自不同的体验和解释。李约瑟甚至认为时间是关系到为什么中国不能产生近代科学的重要原因。在他看来,"中国和西方所特有的时间概念和历史概念的差别(若有的话),与近代科学技术仅仅产生于西方文明的事实,这两者之间,是否存在着某种联系呢?由许多哲学家提出的论点,是由两部分组成的:第一,试图论证基督教文化比任何其他文化更加重视历史;第二,这种对于历史的重视在意识形态上有利于文艺复兴和科学革命时期近代自然科学的发展。"①

第三节 现象学中时间与对象构成的关联

现象学发展出一套关于时间和时间经验的深刻的理论,不仅就现象学本身扮演着重要角色,用索科拉夫斯基的话来讲就是:"它所描述的时间性在确立人格同一性时扮演着重要角色。此外,正是在时间性领域,现象学达到了可以被称为他所考察的事物的第一原理。"②通过文学、科学以及哲学的时间认识,我们已经看到两类不同类型的时间观念,即主观时间和客观时间。现象学对时间问题的关注也脱离不了两种不同类型的时间观念,即主观时间和客观时间。实际上,现象学的时间分析要解决的正是客观时间和主观时间的关系问题如何可能在主观的时间意识中构造出来。在胡塞尔的现象学里,对时间问题的分析既十分重要,同时也是一个十分困难的领域,因为对时间问题的分析不仅仅是为了说明二者的合理性关系,更多

---

① 李约瑟:《中国与西方的时间观和历史观》,选自潘吉星主编:《李约瑟文集》,辽宁科学技术出版社 1986 年版,第 96 - 108 页。
② 罗伯特·索科拉夫斯基:《现象学导论》,高秉江,张建华译,武汉大学出版社 2009 年版,第 128 页。

的是因为时间问题关涉同一性问题而"必须被看作是构成任何对象的形式的可能性条件"①。

一、胡塞尔对内在时间意识的分析

胡塞尔在 1905 年关于内时间意识现象学讲座的开篇就讲道:"我们所有人都知道,时间是什么;它是我们最熟悉的东西。但只要我们试图说明时间意识,试图确立客观时间和主观时间意识之间的合理关系,并且试图理解:时间的客观性,即个体的客观性一般,如何可能在主观的时间意识中构造出来,甚至只要我们试图对纯粹主观的时间意识、对时间体验的现象学内涵进行分析,我们就会纠缠到一堆最奇特的困难、矛盾、混乱中去。"②而在《纯粹现象学通论》中,胡塞尔仍然说,"作为一切体验之普遍特性的现象学时间,应当予以专门讨论"③。

胡塞尔对时间的现象学分析主要从两条道路展开,首先是如何把握一种作为时间性对象的可能性。直观地来看,行为是一个具有时间持续性的对象,如果以布伦塔诺的观点来分析,我们能够感知到当下的行为,而且可以通过想象将之前行为和之后可能的行为相连接从而构成完整的行为认识。然而,在胡塞尔看来,这与我们的直观是相反的。因为行为作为一个时间持续的对象,不能被我们直接感知,在直观中我们只能想象持续的行为。显然,胡塞尔指出的是我们如何直接感知一个时间持续的对象。关于时间持续的对象,胡塞尔的经典案例是旋律。

这里我们不得不引用胡塞尔一段较长的表述。胡塞尔举例说:"当一个旋律响起时,单个的声音并不会随着刺激的停止,或者说,不会随着由他引发的神经活动的停止而完全消失。当新的声音响起时,前行的声音并非无影无踪,否则我们就不能注意到相互跟随的声音的关系。"④他继续指出,假如不是这样,那我们就不能听到一段旋律而只可能听到一个个不和谐的噪音。这是直观感觉已然能够告诉我们的。正是在对此进一步追问的情况下,胡塞尔与布伦塔诺出现了分歧。布伦塔诺对此解释为存在一种心理学的法则:想象对于过去及未来之表象的联结转化,也就是说,时间是通过想象来把握的。因此胡塞尔讲到"这样一种联结,即在一个在时

---

① 丹·扎哈维:《胡塞尔现象学》,李忠伟译,上海译文出版社 2007 年版,第 82 页。
② 胡塞尔:《内时间意识现象学》,倪梁康译,商务印书馆 2010 年版,第 38 页。
③ 胡塞尔:《纯粹现象学通论》,李幼蒸译,商务印书馆 1992 年版,第 203 页。
④ 胡塞尔:《内时间意识现象学》,倪梁康译,商务印书馆 2010 年版,第 46 页。

间上变异了的表象与被给予的表象的联结,被布伦塔诺称作'原初联想'"①。听到一段旋律,对布伦塔诺而言,只是"起因于原初联想之生动性的假象"。但在胡塞尔看来,布伦塔诺的观点设定了某种时间客体,而没有得到进一步的追究。他提出了三个词用来分析时间:一是原初印象即指向对象的现在的原感觉,对应的是我们正在听到的乐声。二是滞留,即"作为对刚沉入到过去之中的东西的尚意识到,滞留是一种与刚从现前领域过渡到过去之中的被意识之物的本原的、去除当下的和滞留性的意向关系"②。也就是说,滞留指向的是刚刚发生的响过的乐声。三是前摄,指关于一个对象即将发生的意向,也就是对即将被意识到的被意识之物的期待。旋律作为对象有一个当下、过去和未来的划分,而从意识的角度而言则体现为原初印象—滞留—前摄的同时性结构。这种同一性保证了旋律以一种不变的结构被置于时间顺序中,从而旋律才可以得到显现。

旋律只是说明了时间对象的构成,还需要进一步说明我们的知觉自身是如何被时间性构成的,这也是胡塞尔时间理论的重要组成部分。实际上问题可以转化为究竟什么构成了意向性行为。这一问题需要与主体性相联系才能明白。胡塞尔认为,主体性本质上是一种自我觉知、自我意识。自我意识或者自我觉知是一种清楚的反思行为,而反思就预设着对象的意向性,反思呈现出来的主体性不是一个笛卡尔式的封闭主体,而是一个指向对象的主体性行为。从自我觉知的角度来看,时间性的分析说明了主体性自身的自我显现,它与对象——意向的显现是不同的。

在此基础上,丹·扎哈维对胡塞尔的内时间意识分析加以评论:"通过内在时间意识,人们不仅能够觉知到意识之流(前反思性的自我觉知),并且能够觉知到作为在主观时间里被划分出的时间性对象的行为(反思性的自我觉知),以及在客观时间里的超越性对象(意向性意识)。内在时间意识,简单来说,只是对我们经验的前反思性的自我觉知的另一个称呼,一个自身并非意向性行为、时间性单位或者内在对象的流动的自我觉知,而是我们意识的一个内在的和非关系型的特征。"③这个评价其价值在于,准确地将胡塞尔的一个基本观点挑明了,即意向性是在内时间意识里被构成的。所谓被构成,不只包括意向性的基本结构还包括意向性的基础

---

① 胡塞尔:《内时间意识现象学》,倪梁康译,商务印书馆2010年版,第48-49页。
② 倪梁康:《胡塞尔现象学概念通释》(增补版),商务印书馆2016年版,第450页。
③ 丹·扎哈维:《胡塞尔现象学》,李忠伟译,上海译文出版社2007年版,第95页。

等一系列问题,均在此得到了说明。"因此胡塞尔的立场是相对来说明确的:意向行为意识到某种不同于其自身的东西,即意向对象,但是这个行为也显现自身。这个对象通过行为而被给予,并且如果没有对这个行为的觉知,那么这个对象自身甚至不会显现。"①

二、海德格尔对时间的分析

与胡塞尔不同,海德格尔对时间性的关注,不再是内时间意识的问题,而是人作为在世界之中的存在,当他能够向原初的存在问题即对自己存在的前提,对存在本身追问的问题。也就是说,此在如何领悟存在的意义问题,这个意义上的追问就是一个时间性问题。

在《时间与存在》的讲演中,海德格尔指出:"有什么理由把时间与存在放在一起命名呢? 从早期的西方—欧洲的思想直到今天,存在指的都是诸如在场(anwesen)这样的东西。从在场、在场状态中讲出了当前(gegenwart)。按照流行的观点,当前与过去和将来一起构成了时间的特征。存在通过时间而被规定为在场状态。这种情况已经足以把一场持续不断的骚动带进思中。一旦我们开始深思,在何种程序上有这种通过时间的对存在的规定,这一骚动就会增强。"②因此在海德格尔看来,时间对于存在而言是重要的,具有规定性意义,但时间问题并没有得到认真的探讨,由此存在问题也就没有得到真正的开展。

海德格尔因此批判了传统哲学中的时间观,说明了传统时间观的来源。海德格尔分析,"如果时间性构成了此在的源始的存在意义,而这一存在者却为它的存在本身而存在,那么操心就需用'时间',并从而计算到了'时间'。此在的时间性早就'计时'。在'计时'中所经历的'时间'是时间性的最切近的现象方面。从这一方面生长出来的日常流俗时间的时间领会。这种时间领会又发展出传统的时间概念"③。从此处不难发现,海德格尔对时间的认识与传统相比较,具有明显的区别,但有一点与胡塞尔是一致的,那就是承认科学时间或者说物理时间以时间性为基础。进一步来看,海德格尔对时间性的关注实际上就是对存在问题的关注,因为在

---

① 丹·扎哈维:《胡塞尔现象学》,李忠伟译,上海译文出版社 2007 年版,第 94 页。
② 海德格尔:《面向思的事情》,陈小文,等译,商务印书馆 1996 年版,第 2 页。
③ 海德格尔:《存在与时间》,陈嘉映、王庆节译,生活·读书·新知三联书店 2006 年版,第 270 页。

海德格尔看来,"时间概念的历史,即时间之发现的历史,就是追问存在者之存在的历史"①。他说:"此在源始的存在论上的生存论结构的根据乃是时间性。只有从时间性出发,操心这种此在之存在的区划勾连的结构整体性才能从生存论上得到理解。"②

我们从海德格尔这里看到了生存论现象学对人自身特征的强调。而且鉴于其时间观与传统时间观的根本不同,实际上意味着在海德格尔那里提供了一种完全不同于绝对时空的分析框架。也就是说,现象学的时间性分析,当他进入社会科学的反思时,首先进入我们视野的不是计量时间,而是在时间中体现出来的向死而生的生存。这种超越性的时间正是构成我们人之为人的东西,只有在面对死亡,不断建构我们自身的存在,人才实现了自身的同一性。因此,时间以人的生存为前提,时间是现实生存着的人的时间,在时间中人的本质才能得到实现。

三、现象学时间分析的意义

现在我们回过头看看,现象学对于时间的分析到底为社会科学带来了什么?它改变了我们的时间观念吗?没有,不论是自然主义的客观时间还是诠释学的内在时间,现象学都给予了一定认可。可我们也认为,现象学确实改变了我们的时间观。因为现象学对时间的研究主要在于为时间概念找寻最根本的基础,这也意味着为客观时间和主观时间寻求基础,同时也在于确立二者之间的合理关系。胡塞尔之所以从内时间意识出发就是出于此目的。具体到社会科学哲学中,现象学的时间观念首先如胡塞尔论述的那样,说明了现象在意识中的构成,也就是社会现象如何能够成为我们开始社会科学研究的课题或对象,还说明了意向性如何在时间中被构成。在斯蒂格勒看来,"对象不会事先已经给予,但艾多斯却通过对象被事先针对。艾多斯是观念物体,它不存在于世界中,但也不存在于意识中,因为倘若艾多斯已经存在于意识中,意识就不会在总可能失败也可能总是失败的充实程序中针对它了。这个作为意识流而实现的充实便是时间性本身"③。传统哲学从苏格拉底开始就存在一个疑难,即我们寻找原先不认识的东西是不可能的,因为我们

---

① 海德格尔:《时间概念史导论》,欧东明译,商务印书馆2009年版,第190页。
② 海德格尔:《存在与时间》,陈嘉映、王庆节译,生活·读书·新知三联书店2006年版,第270页。
③ 贝尔纳·斯蒂格勒:《技术与时间:2.迷失方向》,赵和平、印螺译,凤凰出版传媒集团2010年版,第219页。

与它相遇时要么不认识,要么认识所以已经是拥有的了。这个问题所涉及的归根到底是判断的可能性问题。所以它也是胡塞尔的意向性概念的核心问题。如果意识总是某对象的意识,而且对象的存在与否不应当被先在地考虑,那么就是说,现象在体验中构成,体验的意向目标总是艾多斯这一通常被译为本质词汇的目标,简单地讲,也是现象和本质的疑难问题在现象学中作为时间问题被重新构成。

进一步追问这两个说明对于一种现象学的社会科学哲学所具有的意义,显然,它为第一章我们主张的意向性作为现象学社会科学哲学的可能性条件作了最为基本的论证。从逻辑上来看,这个论证已不可能被其他论证所覆盖,因为至少在现象学中,内在时间意识领域作为现象的最初开端,已经是一个最终的领域,不存在任何较其更为基本的领域。

现象学的时间分析为社会科学提供了基本的认识框架。以帕特里克·贝尔特为例,其著作《时间、自我与社会存在》就是为了提供不同于主流社会学的结构化共时性研究的一个时间化的社会理论框架,而且方法论基础就是历时性和过程。用贝尔特自己的话来说,他关于时间化社会学的研究从胡塞尔、海德格尔那里并没有受到多少激发。但我们不能因此判断他的观点与现象学无关,因为贝尔特自己首先承认关于时间的研究与现象学具有某些联系,更重要的是他的研究直接受益于另外一位现象学社会学家加芬克尔。实际上贝尔特关于时间化社会学的哲学基础主要通过一个极具现象学意味的"自我"概念体现出来,如贝尔特所说:"这个观点中存在时间维度,因为其结果之一就是,只有通过对'客我'的观察,才能回溯性地把握'主我'。一旦'主我'行动,就不知不觉地滑入过去,然后被一个新的'主我'看作是'客我'。"[1]由此可见,贝尔特的根本观点在于"主我"在时间活动中理解自身并做出有意识的调整。在这个基础上,他进一步指出,"现实的过去的意义或表象有赖于一个不断变化着的现在的视角"[2]。而正是因为关于过去的表象或者说关于表象在历时性中的变化,以牛顿绝对时空为代表的实证主义的理论框架就显得不合时宜了,相反地,现象学的社会科学哲学所能提供框架的核心就是主体在时间

---

[1] 帕特里克·贝尔特:《时间、自我与社会存在》,陈生梅,摆玉萍译,北京师范大学出版社 2009 年版,第 118 页。

[2] 帕特里克·贝尔特:《时间、自我与社会存在》,陈生梅,摆玉萍译,北京师范大学出版社 2009 年版,第 118 页。

第三章 时间意识建构作为对象的社会科学

中的自我筹划和实现。

当然作为认识框架，还应当包括其他本体论、认识论以及方法论的理解，因此现象学的时间分析为作为社会科学研究对象、方法的东西提供了前提条件，也就是为之提供了使其得以可能的条件。

既然时间性为意向性提供了基础，说明了对象在意识中的构成，结合第一章我们所关注的问题，可以判断现象学介入社会科学具有了初步的条件。从时间性的已有论述来看，在现象学视域中，一种社会事实的展现是多元并且有时序的。而这种情况下我们依然认定有这样一种社会事实，其中一个很关键的原因就是时间性，社会事实所展现出来的众多表象要取得同一性，只有借助于时间性才是可能的。因此时间性实际上就是使对象的东西成为可能的条件。也只有在这个意义上，我们才能进一步使社会现象成为我们研究的课题。

以数学在经济研究中的应用为例，在经济研究的发展进程中，我们长期高度重视经济现象内部各要素之间的相互联系，忽视了经济现象具有自我生成过程的一面。因此，我们使用"结构"一词，是想强调经济现象内部各组成要素之间的相互联系、相互作用的方式；生成则强调经济现象的自反性，强调它作为人类行为的自我形成、发展的过程。比如经济学中基本的需求函数，需求是指在某一特定的时间内，在各种可能的价格下，消费者愿意而且能够购买的该商品的数量。影响需求的因素有很多，但出于简便，只考虑价格与需求的关系，用 D 表示需求，p 表示价格，就可以得出一元的需求函数 $D=f(p)$。从这个公式不难发现，它表示需求与价格之间存在着一一对应关系，价格与需求之间是反比关系。如果我们就基本的需求曲线作图，将可以更加直观地感受到，经济学研究中数学的基本运用就是以静态分析为主，人们的注意力放在了对经济变量的结构分析上。数学方法的强调能产生这样的作用，其理由有二：其一，作为一门科学的经济学，自制度化以来，一直以物理学为代表的自然科学为榜样，而近代自然科学的一大标志即科学的数学化，其时人们认为自然的基本特性或者说与社会的基本不同就在于它具有现成存在的特点，因此，数学化自然科学以现成存在的自然物为对象，形成对自然物静态结构的分析就有合理性。正是在这个基础上，经济学也随之一贯地以静态分析为核心。其二，数学在经济研究中的应用，是因为人们能够清晰地体会到数学本身带来的明晰性，认为在经济研究中应用数学方法能够形成对经济现象或者说经济规律的客观认识。而数学带来的就是对经济现象中量的重视,以及固定因素之间关系的重视,即对稳定结构的重视,而非各变量之间的因果关系。进一步讲,数学方法对于经济现象根本不能做出与人类行为相关的意义判断,这也是人们常常批判社会科学的科学性缺失的缘由所在。

然而,问题恰好就在于,复杂的经济现象能不能简单地被看作一种结构关系或者说单纯的空间结构关系?答案显然是否定的。经济研究的对象与自然科学对象具有明显的区别,经济现象具有明显的社会建构特征。事实上,纵使不谈二者区别,也不能简单地仅仅将其看作是一种结构关系,从自然科学本身就不难得出这样的结论,现代自然科学的发展已经促使人们思考自然本身也是生成的①。经济研究的追求实则是经济现象对自身的证明或者说是思维从自身出发又返回自身的表现,因此我们事实上可以把经济现象看作是一种自我生成过程。以经济学中通货膨胀理论为例,我们知道,通货膨胀一般指因货币供给大于货币实际需求而引起的一段时间内物价持续而普遍地上涨的现象,其实质是社会总需求大于社会总供给。从社会经济的发展来看,我们知道至少表面上知道,当货币供给大于实际需求时,会导致一段时间内的物价上涨。同样政府也正是利用这一规律来进行社会经济调整。这就意味着如果说通货膨胀是一种客观的社会规律,那么实践已经证明它的科学性;如果通货膨胀是一种理论建构,那么我们却也不得不承认一点,那就是这一建构本身因为人们的实践已经内化为人类社会经济运行的一种明显的因果关系,成为人们社会生活的一部分而不可分离。

但我们提出经济现象的生成并不是说要否定经济理论数学化的结构分析,相反,我们认为数学应该在经济研究中得到重视。但同时经济理论的数学化更要注意到要素本身就是生成的,没有生成也就没有要素,可以说,结构是生成之中的结构,生成又是结构之上的生成。只有这样,才能摆脱单纯分析空间结构的制约,将时间结构也纳入经济研究中来,这样的数学化的经济理论的结构分析才是全面的。二十世纪三十年代经济学开始引入时间因素,通过对较长的一定时期内经济现象非均衡分析取代短期均衡分析,在一定程度上体现了经济研究试图摆脱单纯结构分析的努力。

---

① 金吾伦:《生成哲学》,河北大学出版社 2000 年版,第 146 页。

第三章 时间意识建构作为对象的社会科学

当我们把经济现象主要看作是生成过程时,对于经济研究特别是经济学所追求的确定性抑或不确定性的认识自然随之发生改变。这里要注意的是,我们是在什么层次上谈确定性与不确定性的。众所周知,目前很多文献中都谈论经济现象的不确定性,但我们所讲的不确定性除了指经济现象的不确定外,同时也认为这里的不确定性甚至直接所关涉的就是知识的本性问题。

传统认识中,知识的确定性来自对象世界的确定性,数学则是世界确定性的充分显现,数学不只以量的形式反映出世界的确定性一面,更以严密的推理构成了人们所认知的真理的必然性及可靠性。也正是这个原因,数学一度被看作是一门学科成熟的标志。如果用一个时间点来表示的话,那么1921年之前的经济学基本上都可以被看作是对确定性世界的确定性追求。哈奇森就认为"从李嘉图以来,大部分纯粹经济分析探讨的都是确定性世界,无论是有意识的还是无意识的,明确的还是不明确的"①。但如果我们站在生成论的角度,就很难不加怀疑地肯定世界及知识的确定性,因为人本身是一个生成过程,人的本质就在生成中,经济现象作为人的一种活动,同样是生成过程,我们并不能将其看作是无历史的稳定不变的事物。即使从常识出发,也可以轻易得出一个结论,那就是我们对自身当下、未来,甚至包括过去都没有确定的认识。恩格斯在《反杜林论》中就批判了在个别人文领域盲目推崇数学方法的观点,他指出"数学方法在历史、道德和法方面的应用,应当在这些领域内使所获结果的真理性也具有数学的确实性,使这些结果具有真正的不变的真理的性质……这不过是过去爱用的玄想的或者也称为先验主义的方法的另一种表现方式"②。

经济研究自1921年由奈特所著的《风险、不确定性与利润》一书出版以来,逐渐引入不确定性。奈特认为风险有一个概率可以计算,不确定性可以转化为风险而同样得到计算。樊纲对此评论说:"用这种办法,新古典理论事实上也就把动态问题转化为静态一般均衡问题加以处理。"③关于不确定性对经济研究的重要意义,张雪魁在《知识、不确定性与经济理论——主流经济理论的三个替代性假设》一书中有着很好总结:第一,不确定性是对机会的一种量度;第二,不确定性是人的存

---

① W.哈奇森:《经济学的革命和发展》,李小弥,姜洪章,等译,北京大学出版社1992年版,第269页。
② 《马克思恩格斯选集》(第三卷),人民出版社1972年版,第135页。
③ 樊纲:《现代三大经济理论体系的比较与综合》,三联书店1994年版,第36页。

在方式；第三，不确定性开辟了经济学思维的新空间；第四，不确定性提供了观察经济问题的新视角；第五，不确定性建构了经济学话语的新体系；第六，不确定性开启了解释世界的新范式。① 我们认为这六点总结有合理性的一面，但也还存在一些问题，特别是面对经济理论发展现状时，不得不怀疑不确定性到底是不是可以做出如上贡献，至少从目前来看还有待经济学进一步发展才能使之得到展现。

不过能够明确的是，不确定性已成为当今科学以及其他各方面都重视的概念。沃勒斯坦就认为："如果我们把不确定作为我们知识系统的基本建筑材料，我们或许还能构建对现实的理解。这种理解虽然本质上是近似的，当然不是决定性的，但仍然有助于启发我们现在……所具有的历史性选择。"②在沃勒斯坦看来，不确定性已经成为科学知识的基本特质。

因此，从现象的不确定性到科学知识的不确定性可以看出，在经济研究中的确定性与不确定性两个概念之间存在一种张力，确定性与不确定性并不是绝对对立的，在二者之间可以取得某些相互联系相互转换的可能。也就是说，经济理论数学化能够在确定性与不确定性之间确定统一，他能满足经济研究的实际需要，能满足经济理论的科学性要求。

受自然科学影响，我们关于经济的研究是想要获得关于经济现象的客观普遍的规律性认识。这一方面由经济学作为一门科学的本性所决定。另一方面，人们想把握无限的经济现象，要求不只在不同的人之间取得一致，同时也要求能将现有的知识推及到未知现象上去。这两个方面的要求说到底是期望能用有限的认识能力实现对事物无限本质的认识。有限与无限这对概念是哲学中的重要范畴，具体到经济现象上来也同样如此，因为有限与无限的辩证统一同样要表现在任一事物相对稳定的系统结构上。经济现象所具备的明显的生成特征，更利于我们认识到其中所蕴含的有限与无限的统一。

因此当我们把这对概念运用到经济研究中作为方法的数学上时，才真正能够发现数学为什么被人们看作是一种科学方法的代表，才能明白为什么人们把伽利略对自然的数学化看作是近代自然科学的开端。根本上讲，数学化代表了人类有

---

① 张雪魁：《知识、不确定性与经济理论——主流经济理论的三个替代性假设》，上海人民出版社2010年版，第20—23页。
② 沃勒斯坦：《知识的不确定性》，王昺译，山东大学出版社2006年版，第2页。

限认识能力把握无限对象的努力。因为如前所说,有限与无限的统一表现在任一事物中,不仅作为生成的经济现象是有限与无限的统一,人的认识能力也同样是有限与无限的统一。有限特别表现在特定的时空结构中,而无限则主要体现在生成发展中,二者并没有严格的界限。汪丁丁先生在讨论数学与社会科学方法的关系问题上就直接指出,无限的问题是数学的根本问题,他还进而说明了社会科学方法与数学方法的本质不同①。具体的经济学基本假设也深受这一对哲学范畴的影响。长期以来,人们在经济学中坚持的人的完全理性的假设,实则就是突出了理性认识能力无限的一面。而当人们注意到这一基本假设面临着无法解决的难题时,自然就将有限的一面展开,因此霍奇逊在《现代制度主义经济学宣言》中评论说:"持异议的传统可追溯到凡勃伦甚至更早,并在一个因怀疑甚至抛弃新古典的最大化理性假设而获得诺贝尔经济学奖的人那里发展到了顶峰。"②他实际所指的是诺贝尔经济学获得者赫伯特·西蒙,因为西蒙提出了有限理性概念,其核心思想就是人是有理性的,但理性是有限的,这个认识对传统的完全理性或者无限的理性认识能力构成了极大的冲击。

因此,评价经济理论数学化要抓住有限与无限的辩证统一,才能克服传统认识中单纯被人们强调为对普遍客观规律的追求,使人们在经济研究中忽视社会经济现象乃至世界的不确定性,夸大人类认识能力的无限性。更深层而言,要积极促使有限与无限的转化,增强数学化经济理论的解释能力。

我们以时间为切入点,分析了经济理论数学化的合理性问题,实际就是以现象学的开放性在最根本的层面上认识数学与经济理论的结合是不是可以实现经济研究的科学性,是不是可以为我们正确认识数学方法乃至经济学提供了一种理性的态度。既然经济理论数学化能够在强调经济现象内部各组成要素之间的相互联系、相互作用的同时,还强调经济现象的自反性,强调它作为人类行为的自我形成、发展的过程,也能充分反映经济研究中的确定性与不确定性两个概念之间存在一种张力,表现出二者之间可以取得某些相互联系相互转换的可能,还能够看到人类认识能力有限与无限的辩证统一,并在经济理论自身中体现出这种认识能力有限

---

① 汪丁丁:《数学与社会科学方法的关系》,《社会科学战线》,2004年,第5期。
② 霍奇逊:《现代制度主义经济学宣言》,向以斌,等译,北京大学出版社1993年版,第199页。

与无限的统一,那么意味着经济理论数学化如实地反映了经济现象乃至人类认识能力的基本特征,因此,经济理论数学化的合理性也就得到了确证。而这一确证也同时确证了我们这里更为关心的时间对对象的确立。但这个案例的使用,我们需要特别加以说明一点,它绝不意味着现象学因此只承认数学化的社会研究。

综上所述,意向性概念为现象学的社会科学研究提供了可能性条件,而现象学对时间的分析体现到社会科学中时,表现出对社会科学基本认识框架的变更要求,以及切实地在本体论、认识论和方法论中的改变。因此,我们认为,显然现象学的时间研究,意味着一种现象学社会科学哲学的真正开始。

第四节 时间分析对现象学社会学的影响

现象学社会学是社会学中的一个重要分支学科。在现象学社会学这一学科基本研究框架的确立过程中,时间起了重要作用。社会科学对象的特殊性正是在时间的基础上,才得以与自然科学对象区别开来。更重要的是,时间的介入,使得理解作为社会科学的一般方法得到了充分论证。在现象学社会学的建构中,许茨看到了韦伯理解社会学失去了与生命相关的核心要素,因此他吸收了狄尔泰、胡塞尔等人的观点,在内时间意识的基础上,第一次全面论述了现象学社会学的基本框架。

一、时间证实社会科学对象的特殊性

狄尔泰第一次从哲学角度分析了精神科学与自然科学本质上的不同。狄尔泰的哲学与其他哲学不同之处在于,他以生命为其哲学的出发点。在狄尔泰看来,生命首先是作为在历史中存在的人的生命,因此,它除了是自然进化的生物体之外更是一种精神存在。进一步讲,生命还是一种由个体生命所组成的共同生命。个体生命和作为共同体生命的历史就其本质而言都是精神,在精神的世界里,有着独特的价值、意义和目的。正因为如此,如果使用普遍的理性概念来把握理解生命将是不可能的。因此在狄尔泰看来,康德的伟大是因为他使用普遍理性概念完整地分析了数学和自然科学知识,但如果将之应用于把握生命是不合适的,而康德本人确实也没有给出历史认识论在他的概念框架下可能之答案。

在狄尔泰看来，生命首先"以时间性作为其首要的范畴规定，它是其他范畴规定之基础"①，"生命与时间之充盈处于最密切关系中，它的完整特征，其中易朽性关系，以及它还同时构建关联并且在此拥有一个统一体（自我），这都受制于时间"②。既然时间之于生命如此紧要，那么生命的时间性规定到底表现了什么？狄尔泰用了一个词叫"生命流程"。怎么理解流动中的生命或者说"生命流程"呢？狄尔泰认为，生命所经历的时间不同于物理时间。物理时间是线性的时间、是可分割的时间，而生命相关的时间则是为我存在的时间。狄尔泰不赞同康德将时间和空间当作是先天的纯粹直观形式，在狄尔泰那里，"时间被经验为现在的不息前移"，他从"现在""过去"和"未来"三个维度中看待时间，特别认为"现在"是关键。狄尔泰说："其中现存之物不断变为过去，而未来之物变为现在。现在是以现实性充满时间……我们生活在我们的现实性之充满中。"③而且狄尔泰还明确指出"在体验中时间概念找到最终的充实"，这说明对时间的把握最终要回到体验。

体验同样是狄尔泰生命哲学里的一个重要概念。在狄尔泰看来，生命流程中，以过去、现在、未来构建了在场单元之物，这些具有单元意义的最小单元就是一种体验，而且"诸生命部分的每一个更具包容性的单元通过对生命流程的共同意义被连接，我们随后进一步称之为体验，即便这些部分被中断性过程彼此分离"④。因此，体验是生命本身的意义统一，在这个统一的意义整体中才能达成生命的理解。也因此"一旦理解抛弃了词语及其意义的领域并且不寻求符号意义，而寻求比生命表现深刻得多的意义，这就是普遍方法"⑤。作为方法的理解的确立，进一步加强了狄尔泰所认为的"生命原本就是对自身及他人的生命表达进行着的理解，因此，理解并非只是精神科学的方法程序，而且也是生命的一项基本活动"⑥。

狄尔泰对理解做了不止一次的定义和解释，但总是与生命、时间、体验相关。因此对于狄尔泰而言，"理解不是一种简单的、理智上的辨别力，而是我们认识自己和自己所创造的社会和历史的能力。精神科学的真正认识论之基础是体验，是由

---

① 狄尔泰：《历史理性批判手稿》，陈锋译，上海译文出版社2012年版，第5页。
② 狄尔泰：《历史理性批判手稿》，陈锋译，上海译文出版社2012年版，第45页。
③ 狄尔泰：《历史理性批判手稿》，陈锋译，上海译文出版社2012年版，第5页。
④ 狄尔泰：《历史理性批判手稿》，陈锋译，上海译文出版社2012年版，第7页。
⑤ 狄尔泰：《历史理性批判手稿》，陈锋译，上海译文出版社2012年版，第51页。
⑥ 卢云昆，朱松峰：《以生命把握生命——狄尔泰哲学方法论初探》，《世界哲学》，2010年，第4期。

生命的整体内在对社会和历史真实性的体验。理解就是通过对体验的再现而认识和把握生命"①。具体而言,我们可以从如下三个方面来认识狄尔泰的理解概念:"首先,理解是对于人们所说、所写和所做的东西的把握,这是对语言、文字、符号以及遗迹、行为——即所谓'表达'的领会;第二,理解是对于意义的把握,这是对一般表达所包含的观念或思想的领会;第三,理解是对人们心灵和精神的渗透。"②从这一概括不难发现,狄尔泰的理解不能被简单地视作一种方法,或者至少这种方法本身也是对生命的自我塑造。

然而,狄尔泰试图以理解概念达到对客观精神的认识,充分显示了他的历史客观主义理想,或者说他一生以摆脱实证主义确立精神科学的认识论基础为目标,并最后成功地确立了作为一般方法的"理解",但结果却是他最终也没有完全摆脱实证主义的束缚。直到经由海德格尔、加达默尔对理解进一步阐释,才确立理解的本体论,理解不再属于主体,"理解属于被理解的东西的存在"。

二、作为社会科学一般方法的理解以时间为基础

狄尔泰不仅如维科等人一样指出了以物理学为代表的自然科学方法不能适用于精神科学研究,更首次提出精神科学的方法只能是理解。狄尔泰对理解作为精神科学方法的论述其影响是不言而喻的。殷鼎曾对此描述:"当代学者常怀感戴的心情,称誉威廉·笛尔塔为人文科学中的牛顿,承前启后。也颇类似康德,开启现代哲学之先绪,当代解释学的几乎所有问题,都可在笛尔塔的思想中找到绪端。"③大概也是基于这个理由,有学者将狄尔泰称为"理解社会学之父"。

韦伯是公认的理解社会学的代表人物,他对社会科学的方法论有着高度的重视,曾多次就方法论问题提出探讨。当然,这种方法论的自觉也受他所处的历史环境影响。而韦伯之所以将理解作为社会学方法的原因可以从这一背景中有所了解。

盖伊·奥克斯曾在韦伯《批判施塔姆勒》一书的导言④中,详细论述了韦伯所处的时代氛围。1883年,卡尔·门格尔出版了《社会科学方法特别是经济学方法研究》。在这本书中门格尔针对德国历史学派的观点做了大量的辩驳,在他看来对

---

① 谢地坤:《狄尔泰与现代解释学》,《哲学动态》,2006年,第3期。
② 洪汉鼎:《诠释学——它的历史和当代发展》,人民出版社2001年版,第107页。
③ 殷鼎:《理解的命运》,生活·读书·新知三联书店1988年版,第233页。
④ 韦伯:《批判施塔姆勒》,李荣山译,上海人民出版社2011年版,第16-20页。

第三章 时间意识建构作为对象的社会科学

于方法论的作用不能夸大,社会科学方法与理论宗旨与物理学中经典力学的方法和宗旨并无本质差别。也正是这一年,狄尔泰出版了《社会文化科学导论》第一卷,提出了其康德式的历史理性批判构想。而古斯塔夫·施莫勒则对门格尔和狄尔泰都提出了评论,他的立场是历史学派的立场。由此可见,方法论确实是此一阶段人们关注的热点。事实上这场争论一直持续到韦伯等人参与其中。当然,到韦伯参与其中时,他们关注的问题也从经济学方法论转向到一般意义上的社会科学方法论上来。盖伊·奥克斯还指出,韦伯作为历史学派的代表人物,却令人惊讶地站在了门格尔一边,认为方法论的作用是有限的。所以我们现在所看到的韦伯关于社会科学方法论的阐述大都十分零散。但就其内容而言,韦伯更多地还是坚持了历史主义的立场,从狄尔泰那里吸收了理解概念,将其作为自己研究社会学的方法。

事实上,从前述方法论争论中我们已经能够看出韦伯在方法论上的态度之端倪。他没有坚定地沿着狄尔泰等人走历史主义的路线,而是试图在历史主义与实证主义之间取得超越。这一点还可以从他对社会学的定义中了解。韦伯认为,"社会学(就这个高度模糊的词语在这里的意义而言)是一门解释性地理解社会行动并对其进程与结果进行因果说明的科学"①。与涂尔干将外在于人的社会事实这样的整体性概念作为社会学研究对象不同,韦伯把社会行动看作是社会学的研究对象,而社会行动的本质特征就是"只有当主观态度针对的是他人的表现时,他们才会构成社会行动"②。韦伯进一步区分了社会行动的四种类型:工具理性的、价值理性的、情绪的、传统的,这就意味着社会行动不仅仅受到行动者个体情感和价值判断的影响,更受到社会文化的影响。在这个意义上,韦伯的社会学才顺理成章地推导出理解可以作为社会科学方法。

那么韦伯的理解概念到底有什么样的特点呢?韦伯把理解分成两种,首先是对既定行为主观意义的直接观察理解,包括对观念、情感、行动等的直接观察理解,他举例说我们通过直接观察就能理解 $2×2=4$ 其意义,这就是对观念的直接理性观察。其次是解释性的理解。主要是指我们能根据行动者的动机来理解其行动的意义。与狄尔泰不同的是韦伯始终认为理解意味着解释性地把握意义,在一定的

---

① 韦伯:《经济与社会》,阎克文译,上海人民出版社 2010 年版,第 92 页。
② 韦伯:《经济与社会》,阎克文译,上海人民出版社 2010 年版,第 111 页。

程度上,韦伯使用意义与理解两个概念是没有严格区分的。不管是对于逻辑命题还是人类情感等都可以就其意义获得理解。但是理解要获得确定性,应该保证其基础是理性的且能够进一步划分出逻辑或数学的特性,然而这也正是狄尔泰所反对的。在韦伯看来,"任何解释都在力求清晰和确定性,然而,一种解释本身从意义角度看上去无论显得多么清晰,他都不可能因此而宣称是具有因果效力的解释"①。因此理解方法具有一定的局限,而因果关系的解释在社会科学中也应该具有重要地位,他由此一直试图把意义的理解和因果性解释结合起来,还专门阐述了统计学意义上的事实统一性构建可以理解的行动类型。

严格来讲,尽管韦伯对社会科学的方法论有很多论述,但应该说这只是他在社会科学的研究中不得已而为之,对于理解概念也同样如此,韦伯并不愿意对在他看来是复杂现象的理解做出细致的分析。他所关注的问题是社会科学中切实地解释现实的问题。这就使得理解概念在他的社会学中发生了细微的变化,进而就是指没有将这一概念的哲学基础进行详细展开,恰恰失去了理解概念在狄尔泰那里和生命相连接的最为核心的要素,从而也失去了根基。许茨就是看到了韦伯理解社会学的一些核心概念没有得到基础性论证,从而他引入了胡塞尔的现象学,这才促使现象学社会学从理解社会学中独立而出。

三、许茨对现象学社会学的全面建构

许茨在《社会世界的现象学》一书前言中,开门见山地指出:"这本书是根据我个人多年来对韦伯理论著作的强烈关怀而形成,在这段研究时间中,我深刻地体认到韦伯的研究途径是正确的。"②但同时许茨也指出韦伯存在的问题,认为韦伯的一些基本概念还缺乏足够严密的基础论证,因此他要为其建立确定的哲学根基。也正是在这个意义上,许茨的现象学社会学与狄尔泰、韦伯的理解社会学才是一脉相承的,因此劳伦斯·纽曼③将现象学社会学看作是理解的社会科学的类型之一,而理解的社会科学正是以韦伯和狄尔泰为代表的。

在许茨看来,韦伯的主要不足就是没有注意到时间问题对于社会科学的重要

---

① 韦伯:《经济与社会》,阎克文译,上海人民出版社 2010 年版,第 98 页。
② 阿尔弗雷德·许茨:《社会世界的现象学》,卢岚兰译,久大文化股份有限公司 1991 年版,序言Ⅸ。
③ 劳伦斯·纽曼:《社会研究方法:定性和定量的取向》(第五版),郝大海译,中国人民大学出版社 2007 年版,第 98 页。

第三章 时间意识建构作为对象的社会科学

性。许茨讲道:"然而由于他对基础问题的分析尚嫌不够深入,以致人类科学的许多重要问题仍悬而未决……所有这些问题几乎都和时间经验(或内在时间意识)的现象密切相关,而时间经验唯有经由最严谨的哲学反省才能加以研究。"①因此许茨回到胡塞尔的现象学找到了内时间意识的分析。由此可以明确,现象学社会学正是在许茨回返到胡塞尔现象学那里为韦伯的社会学寻求哲学根基的情况下确立的。事实上,这一回返有着内在的必然性。一方面许茨看到了胡塞尔对时间的严谨的哲学分析,特别是内在时间意识。许茨认为胡塞尔对内在时间意识的分析建立人类行为的深层基础,而这将涉及社会科学对象即社会行动的准确描述,其重要性是明显优先于方法的。另一方面,许茨找到胡塞尔的另一个重要原因在于,胡塞尔受狄尔泰启发,确认了他使哲学成为一门严格科学的奠基性作用的信念,并确认"唯有现象学的本质学才能够为一门精神哲学提供论证"②。而对于胡塞尔与狄尔泰之间的关联,海德格尔在《时间概念史导论》中有较为详细的论述。海德格尔认为,狄尔泰对于人文科学独立方法的探求研究,提出了一种回到事实的提问方式及认识结构,这与胡塞尔有异曲同工之妙,只不过狄尔泰没有如胡塞尔那样表述出来。许茨就是看到了胡塞尔现象学的优势所在,或者更准确地说,许茨看到了在理解社会学与现象学之间内在的一致性,才选择性地使用了胡塞尔现象学中的一系列重要概念并运用了现象学方法,他的这一成果还得到了胡塞尔的高度赞赏。许茨能建构现象学社会学或者说现象学社会学能够从理解社会学中脱离出来,正是因为许茨回到胡塞尔的研究之后做出的一系列卓越成就。

具体而言,许茨在关于社会科学的研究对象、研究目的以及研究方法上作出了较为系统的说明。

首先,许茨指出了社会科学的研究对象是社会实在。但他强调指出,社会实在不是如自然主义认为的那样,是一种理所当然的存在。社会实在实际特别指向了在时间长河中的社会文化世界的事件总和。许茨讲道:"自然科学必须由之出发而进行抽象的'生活世界'的这个层次,却恰恰是社会科学必须进行研究的社会实在。"③

---

① 阿尔弗雷德·许茨:《社会世界的现象学》,卢岚兰译,久大文化股份有限公司1991年版,序言Ⅸ。
② 胡塞尔:《哲学作为严格科学》,倪梁康译,商务印书馆2010年版,第52页。
③ 阿尔弗雷德·许茨:《社会实在问题》,霍桂桓译,华夏出版社2001年版,第60页。

其次,许茨认为,既然社会科学的对象是社会实在,那么显然社会科学的首要目的就是获得关于此社会实在的知识。而这样的知识与其说是关于社会实在的客观描述,倒不如说是对某种社会情境的理性化认识。因为社会科学所面对的对象通过某种维度呈现自身,并得到研究。但它的呈现维度绝不仅此一种,作为一种文化世界的呈现,其维度必然是多元的。因此,社会科学只能获得关于某种经验的思想构想。

最后,对作为社会科学方法的"理解"的哲学分析在许茨的工作中占有重要地位,"他之后很多年的学术努力无不是围绕着对韦伯'理解'方法的哲学奠基工作以及对于这个方法的运用展开的"①。前面已经提到韦伯将"理解"分为两种类型:对主观意义的直接观察式理解和根据动机来把握行动者赋予行动的意义的说明理解。但在许茨看来,由于韦伯没有区分对于行动者而言的主观意义和客观意义,导致"韦伯对观察了解与动机了解的划分是相当独断的,在他的理论中并无任何逻辑基础"②。许茨还指出这一区分的错误在于突出了客观意义,而丝毫不见主观意义的理解,同样也是因为韦伯没有对意义与动机做出正确的理解所导致的。

在许茨看来,人们对理解概念的认识向来是模糊的,各自都有不同的解释,如韦伯强调理解的主观性是因为目的在于发现行动者通过它的行动意味着什么。而许茨认为,之所以出现这样的状况,原因在于大家都没有正确区分理解概念的三个层面的含义:"(1)'理解'作为关于人类事件的常识知识所具有的经验形式;(2)'理解'作为一个认识论问题;(3)'理解'作为社会科学所特有的一种方法。"③在第一个层面和第三个层面上,韦伯与许茨并没有什么不同,他们都认为常识下的理解大都是不成问题的,而作为方法的理解确实反映了社会科学的独特性,但在第二个层面则表现出了他们两人的根本区别。在许茨看来,理解作为一个认识论问题,长期得不到解决,甚至还没有引起哲学家的注意是难以理解的,他对此形容为一种"哲学的耻辱"。

许茨认为,这一问题首先需要回到理解现象本身去为自己寻求基础,而在柏格森的时间概念和胡塞尔现象学的影响下,他认为时间即充满具体事件的历史时间,

---

① 范会芳:《许茨现象学社会学理论建构的逻辑》,郑州大学出版社 2009 年版,第 182 页。
② 阿尔弗雷德·许茨:《社会世界的现象学》,卢岚兰译,久大文化股份有限公司 1991 年版,第 27 页。
③ 阿尔弗雷德·许茨:《社会实在问题》,霍桂桓译,华夏出版社 2001 年版,第 60 页。

它具有内在时间意识的性质,在这个时间意识中个人构成自己的根本的经验意义。因此许茨讲道:"在时间流中,个人透过生活体验,而构成自己的经验意义。唯有这个最深层的经验方能为反省所触及,才是意义与了解现象的根源。"① 其次,理解的难点在于"我们只能透过自己对他人的经验来诠释那些本属于他人的经验"②。对此进一步深究将涉及主体间性及生活世界等概念。在许茨这里,在生活世界中的人们在相互理解中才构建了一个文化世界,因此生活世界从一开始就是一个主体间性的文化世界,同样只有主体间性的理解才是真正的理解。

如前所述,狄尔泰的理解是通过体验而对生命本身的把握,韦伯则将理解与行动、意义等概念结合,认为理解是解释性的把握行动意义,许茨则抓住他所认为的韦伯的不足,不仅区分了三个层面的理解概念,还将理解与时间问题联系起来,试图以现象学的方式为理解奠定哲学基础。从现有文献来看,韦伯对许茨的影响是明显的,但狄尔泰对于韦伯有多大影响还值得进一步探讨,如果说狄尔泰对韦伯的影响是建议性的,那么他对于许茨则更多地是通过胡塞尔以一种特殊的提问方式产生间接影响。

---

① 阿尔弗雷德·许茨:《社会世界的现象学》,卢岚兰译,久大文化股份有限公司1991年版,第10页。
② 阿尔弗雷德·许茨:《社会世界的现象学》,卢岚兰译,久大文化股份有限公司1991年版,第126页。

第四章　现象学反思社会科学的方式

在现象学视域里,自伽利略、笛卡尔以来我们所认识的世界成为科学的世界。索科拉夫斯基形象地论述,"看起来像桌子的东西,实际上是诸多原子、力场和空洞的空间组成的一个混合体"①。海德格尔也曾明确地指出,我们以为是对历史和自然的认识,实则是对作为科学对象的历史和自然的认识,而这样的认识方式更有可能是对历史和自然的本质的闭锁。现象学试图表明各具体科学都是奠基于生活世界的,它是对我们经验的一种高度理想化结果。现象学并不否认具体科学,它承认具体科学的价值和精确性,但是也认为,尽管具体科学可以就世界提供一定的认识,却也存在使认识被遮蔽的可能。

因此,需要通过从自然态度到现象学态度的转变,为分析社会科学的生活世界奠基,并具体论述社会科学的意向性结构。谈现象学与社会科学,不能不涉及生活世界,因为生活世界这个概念的提出就是对应于科学世界的。促使胡塞尔提出生活世界概念的问题,恰恰就是他所思考的自然科学与精神科学的关系问题,具体而言就是明确自然主义心理学对心灵的忽视。只有在回到生活世界这一原初的自明性领域,才能正确回答二者的关系问题。在这个意义上,精神科学具有比自然科学更为接近经验领域的地位。

第一节　自然主义社会科学观

社会科学的产生及发展,多依赖于自然主义的哲学思想。至今为止,自然主义传统下的社会科学研究模式长时间占据着社会科学主流阵地,以至于自然主义被看作是社会科学实现其科学性地位的唯一路径。现象学看到了自然主义社会科学观的巨大成就和实际影响,但也看到了自然主义的局限性,认为自然主义是造成欧

---

① 罗伯特·索科拉夫斯基:《现象学导论》,高秉江、张建华译,武汉大学出版社2009年版,第144页。

洲科学危机的原因之一。

一、自然主义社会科学观的形成

自然主义和自然主义者这些名词是十六世纪、十七世纪才出现的,至于作为哲学理论的自然主义在哲学中的出现就更晚了。学者 S. D. Schafersman 认为,"自然主义作为一种哲学在十九世纪以前并不存在,仅作为一种偶然采纳的不严格的方法存在于自然哲学中。它是一种独特的哲学,它既不是古代的也不先于科学,而是它的发展很大程度上要归功于科学的影响"①。由此可见,作为系统的哲学理论的自然主义在十九世纪初登上哲学舞台,但散见于各种哲学理论中的自然主义观念的存在则要早得多,后者随着科学的发展及科学影响的扩大而日益系统化。在哲学史中,自然主义观念源远流长,有着深厚的哲学背景和广泛的哲学渊源。

在不严格意义上来说,自然主义的历史可以追溯到古希腊时期,这一时期自然的观念成为思想的焦点,而自然主义的萌芽就在古希腊自然哲学中滋生。梯利在《西方哲学史》中写道:"最早的希腊哲学是自然主义的:注意自然;它大半是物活论的:认为自然能够活动有生命;它是本体论的:探索事物的本质;它主要是一元论的:试图用单一的原则来解释自然现象;它是独断的:天真地设想人的思想能够解决宇宙问题。"②比如,米利都学派的泰勒斯就认为,事物都是由水这一普遍实体构成。他已经抛开了宗教神话中的神灵,而直接诉诸人类的感官经验,用自己感官观察到的现象来进行关于宇宙万物的本质是什么这个问题的抽象概括。③古希腊时期自然哲学的兴趣就是外在的自然,主要反对自然的神话解释,试图以经验事实作为解说自然的基础,摒弃超自然的原因作为解释原则,认为只有诉诸自然原因我们才能说明自然对象的变化。这既是古希腊自然哲学的一个特点,也是古希腊哲学自然主义特征的表现。

自然哲学强烈地冲击了神话世界与神话的思维方式,第一次真正意义上的哲学思考由此展开。但随着中世纪黑暗时代的到来,人的起源与救赎、人与神或上帝的关系成为人们日益关注的主要问题,哲学成了宗教的婢女,自然从人们的视野中

---

① S D Schafersman. *Naturalism is an essential part of science and critical inquiry*. www.freeinquiry.com/naturalism.html.
② 梯利:《西方哲学史》,葛力译,商务印书馆 2004 年版,第 8 页。
③ 魏鹤:《西方哲学和社会理论中的自然主义》,中共中央党校博士论文,2006 年。

消失了。但随着对教义本身的经验论证及其他历史条件的支撑,怀疑逐步成为时代精神,一种开放的、经验的追求普遍性知识的科学思维方式开始形成。从十六世纪开始的文艺复兴运动使各门科学理论和各种科学方法相继建立和完善,人类的认识能力不断提高,人们开始对自然和人本身展开重新认识和评价,摆脱了古希腊时代那种猜测和直观的思维方式。与古代的自然主义相比,近代自然主义的产生有了坚实的科学基础。十七世纪到十八世纪自然主义的发展主要是在英法等国,此时的哲学家如培根、霍布斯等都怀着浓厚兴趣去研究探索自然和社会,并且对客观现象加以自然的解释。① 在培根看来,感觉是完全可靠的,科学就在于用理性方法特别是归纳法整理感性材料,在不断的提升中达到最普遍的认识。自然科学才是真正的科学,而物理学甚至可以作为统一所有知识门类的基础。这种经验主义方法论、认识论是近代之初的科学摆脱神学和经院哲学的一个重要环节和条件。可以说,培根的经验主义哲学是近代自然主义的开始。霍布斯则把整个世界都看成物体,断言"宇宙是物体的总和",物体和运动是宇宙终极的实在,它们是万物,甚至感情和思想的基础,因而也是一切知识的基础。他试图把包括精神世界的整个宇宙做物理解释。②

总之,十七、十八世纪自然科学的发展,使近代自然主义成为真正意义上的自然主义,为自然主义作为哲学上独立的理论奠定了基础。这一时期的哲学注重从实证科学中引申出哲学结论,以科学和自然作为研究的基础,本体论上推崇原子论,认为自然就是运动着的物质粒子或原子,所有自然事件都是依据规律发生的。这一时期的自然主义在方法论上坚持认识世界的唯一合适的方法是自然方法,即在自然科学中得到了典型运用的某些方法,强调这些自然科学方法是研究社会、人文学科乃至哲学的唯一合适的方法。虽然这一时期的自然主义具有了新的特征,但是它仍然与以往哲学中的自然主义有着很大的关联,它继续着原初的宗旨——反对神秘主义,反对超验的认识方法和认识原则。③

十八、十九世纪,由于自然科学的巨大成功,人们对自然科学方法的广泛认可,自然科学方法被用于对社会的实证研究。随着实证主义的兴起,实证主义的科学

---

① 刘军:《论哲学和伦理学中的自然主义》,《求是学刊》,1999年,第6期。
② 朱红文:《近代唯科学主义的形成及其实质》,《上海社会科学院学术季刊》,1995年,第3期。
③ 魏鹤:《西方哲学和社会理论中的自然主义》,中共中央党校博士论文,2006年。

观和科学方法论在社会科学领域得到广泛应用,伴随着社会变革的外部需要,社会科学得到深入发展。但这一结果却使自然主义受到反自然主义的强烈反对,形成了哲学史上关于社会科学的自然主义与反自然主义的论争,但这一论争某种意义上更凸显了自然主义的存在。

由以上所述不难知道,十九世纪初系统化的作为哲学理论的自然主义本身就是不系统的自然主义观念与科学双重影响的结果。同样,十八世纪末、十九世纪初系统化的社会科学也是在哲学中的不系统的自然主义观念与科学的双重推动下形成的。二战以后,科学本身被人们怀疑及反思,这也自然影响到社会科学。社会科学尽管取得了很大成就,但也由此在更根本的层面受到了挑战。而随着对这种挑战的回应以及二十世纪六七十年代奎因自然化认识论的提出,当代自然主义开始出现在历史舞台之上,其代表人物有亨普尔、内格尔、塞拉斯、齐曼、劳丹等等。他们大都吸收了反自然主义观点,承认社会科学对象有其价值和意义的一面,从而突破了近代自然主义的局限性。他们的观点表现出明确的合理性而区别于近代自然主义,展现了以自然主义为基础的新的社会科学观,由此在社会科学领域引发了新的思考,为社会科学的发展提供了新的可能。

事实上,自然主义倾向下的社会研究在古希腊就有其萌芽,但真正具有现代科学精神的社会科学的制度化,应该从十八世纪中叶社会研究的实证化算起。1725年维科在《新科学》一书中试图以类似牛顿的机械世界图景来建立关于人类社会的新科学,明确提出了创立人类科学的任务。其后,法国圣西门提出"使人类科学具有实证性质,把它建立在观察的基础上,并用物理学的其他部门采用的方法来进行研究"①,可以说明确提出了人类科学实证化的任务。在这种自然主义观念的支配下,从十八世纪后期社会科学的研究逐渐从传统抽象的概念分析过渡到经验性的实证研究上来。"要想在一个牢固的基础上组织社会秩序,社会科学就必须越精确(或越具有实证性)越好。抱着这样的宗旨,十九世纪上半叶许多现代社会科学的奠基者(尤其是英法两国)转向牛顿物理学,将其作为效法的楷模。"②而到了十九世纪末期这个阶段,社会科学在如下四个方面取得了成就:一、社会科学研究的客

---

① 圣西门:《圣西门选集》(第一卷),何清新译,商务印书馆1979年版,第81页。
② 华勒斯坦等:《开放社会科学》,刘锋译,生活·读书·新知三联书店1997年版,第10页。

观性的奠定;二、社会演化论的成立;三、社会科学方法论的发展;(四)社会科学内涵的树立及与其他学科的划分。① 总之,当社会科学取得如上成就时,也就意味着社会科学的基本诉求、研究领域及研究方法得到了初步的明确。也就是说,随着社会科学与自然科学的分化以及社会科学内部各学科的逐步独立,社会科学的制度化已相当成熟。

社会科学的制度化过程可以用美国著名社会科学家丹尼尔·贝尔的社会科学的"血统"和"家族史"进行形象的说明。他说:"建立学科的血统的最简单方法是排列学科鼻祖的世袭关系。在经济学中,祖父辈是:亚当·斯密、T.马尔萨斯和D.李嘉图,时间是从1776年到1810年;父辈是:A.马歇尔和L.瓦尔拉,时间是从1870年到1890年。在社会学中,祖父辈是:A.孔德、卡尔·马克思和H.斯宾塞,时间是从1850年到1870年;父辈是:E.迪尔凯姆(涂尔干)和M.维贝尔(韦伯),时间是从1890年到1915年。"②

以社会学为例,被誉为社会学鼻祖的孔德的社会理论是实证主义,同样也是自然主义社会科学理论的第一个典型形态。他坚持认为关于人类社会的研究与自然科学研究并无本质不同,而且人类社会的研究要想成为实证的科学就必须以自然科学方法作为基础,正是在坚持实证方法的前提下孔德创立了社会物理学。而被认为是当代社会学之父的迪尔凯姆(涂尔干)则进一步发展了孔德的实证主义,认为要把社会现象当作客观事物来研究,而不能用哲学或者是任何其他的主观臆断的方法来研究。迪尔凯姆(涂尔干)指出:"社会学家就不应该热衷于对社会现象进行形而上学的思考,而应该把各种具有明确界限的现象作为研究的对象"③,"只要集中力量,我们便可以找到名副其实的规律,这些规律比任何辩证的论据更能证明社会学是切实可行的。人们将会看到我们希望已经证明的规律。当然,我们可能不止一次地弄错,在我们的归纳中超越观察到的事实。但是,至少每一种假设都附有证据,而且我们力求使证据尽可能多一点。尤其重要的是,我们每次将仔细地把推理和解释同被解释的事实明确地区分开来。"④他的《社会学方法的规则》迄今仍

---

① 魏镛:《社会科学的性质及发展趋势》,黑龙江教育出版社1989年版,第27页。
② 丹尼尔·贝尔:《当代西方社会科学》,范岱年,等译,社会科学文献出版社1988年版,第14页。
③ 迪尔凯姆:《自杀论》,冯韵文译,商务印书馆2001年,第2页。
④ 迪尔凯姆:《自杀论》,冯韵文译,商务印书馆2001年,第3页。

被大多数人看作是科学的社会学的宣言书。在该书中,第一次对社会学的学科性质、研究对象、研究方法等做了科学的规定,使社会学成为一门独立的学科。也正是从这一时期开始,社会研究领域中经济学、社会学等学科相继独立,确立起其严格的科学地位,社会科学的制度化形成。因此,从历史的角度看,在推动社会科学制度化方面,自然主义功不可没。

二、自然主义科学观的影响

自然主义不只具有对社会科学的内在合理性,在社会科学具体发展历程中,自然主义更是有着不可替代的历史功绩。它不仅促成了社会科学的制度化还形成了关于社会科学的自然主义系统图景,构建了自然主义的社会科学价值体系,使社会科学具备了取得突破的必要条件。

(一)形成了关于社会科学的自然主义图景

如前所述,当代自然主义吸收了反自然主义特别是解释学的部分观点,在社会科学对象的认识上有了很大变化。关于自然与社会的区别已在一个新的平台进行谈论,自然主义除坚持认为存在的都是自然的,并主张自然科学方法与社会科学方法具有连续性之外,他们也注意到社会科学的研究对象是一种特殊的"现象"。社会现象作为人的活动的结果,必然把情感、价值等因素凝结于其中。在人的现实的社会活动中,社会现象与社会价值是互相依存的关系。这一变化直接影响到对社会科学自身的认识乃至对其科学性的认识。也正是在这些区别的基础上,社会科学才一以贯之地保持了其独立性地位。

自然主义的社会科学进一步提出了关于社会科学的理论及其可能性的问题。他们认为社会科学可以通过对社会现象的观察以及其他手段而形成抽象概念认识,而且经过人类认识的加工,可以达成类似自然科学理论一般的由命题、原理等构成的合乎逻辑的认识体系。如鲁德纳在《社会科学哲学》中对"社会理论的结构"进行分析时指出:"所谓理论就是一些系统的联系在一起的命题,包括在经验上可检验的某些规律似的概括。"[1]国内外众多学者如特纳、贝利等人对社会科学的理论结构均进行过分析,大体可以从概念、变量、命题、形式等几个方面加以探讨。通过从概念到命题直到形式的高度抽象,表现了不同的理论框架,这些理论框架提供

---

[1] 鲁德纳:《社会科学哲学》,曲跃厚、林金城译,生活·读书·新知三联书店1989年版,第20页。

大量假设、概念和解释形式,是我们研究和认识社会的方式,并成为规范社会生活的部分准则。以社会学的理性选择理论为例,它包括如下几个主要概念:机会、报酬、赞成、平衡和信任,并形成其核心假设即人的互动与经济交易相类似。人们在付出与得到资源,努力争取最大利益的同时,避免痛苦、损失和丢脸的事。这些认识体系即社会科学理论框架,不但提供大量假设、概念和解释形式,成为我们研究和认识社会的方式,而且可以被其他人利用可重复获得的证据来证实自身,并成为规范社会生活的部分准则,在一定程度上规范了我们的行动,也提供了我们理解社会的一种方式。

自然主义不仅为社会科学奠定本体论和认识论的基础,还为之提供了方法论支持。既然对人类社会的认识具有如同对自然认识的相应特点,那么自然科学方法被应用到社会科学中来就不仅是可以而且也是必需的。著名科学史家丹皮尔在《科学史:及其与哲学和宗教的关系》中写道:"在最近一百年或一百五十年中,人们对于自然的宇宙的整个观念改变了,因为我们认识到人类与其周围的世界,一样服从相同的物理定律与过程,不能与世界分开来考虑,而观察、归纳、演绎与实验的科学方法,不但可应用于纯科学原来的题材,而且在人类思想与行动的各种不同领域里差不多都可应用。"[①]他指出,因为人类行动如同自然界一样服从于定律支配,自然科学或者说类似物理学这样纯科学的研究方法也由此可以运用于人类行动的研究。正是基于这样的自然主义认识,对人类和社会的研究从十八世纪开始就以自然科学为榜样,大量采用自然科学研究方法。以社会科学中的定量研究为例,很多社会科学家都认为传统的社会研究以抽象的概念分析为基础,不具备客观可重复验证的科学性,进而认为只有用数量关系才能克服以往的缺陷,只有数量关系才能促进社会研究的进步。而二十世纪社会科学的发展历史也确实加强了这一看法。美国哈佛大学的卡尔·多伊奇、约翰·普拉特和迪特尔·森哈斯等人对二十世纪初以来直到六十年代中期社会科学的发展情况作了全面考察,确定了62项重大研究成果,并就其成就进行了研究。他们的研究结果表明,二十世纪早期的成就全是理论性的或定性的,而后来的成就主要都是数学和统计方法的革新,或者是由定量分析推导出来的理论。他们写道:"定量的问题或者发现(或者兼有)占全部重大进

---

① 丹皮尔:《科学史:及其与哲学和宗教的关系》,李珩译,商务印书馆1975年版,第283页。

展的三分之二,占1930年以来重大进展的六分之五。完全非定量的文献——认识新的模式但没有任何明确的定量问题的含义——在整个时期中是稀少的,而自1930年以来特别稀少。"①

在社会历史领域探索真理,使社会科学变成像自然科学一样的"硬科学",这正是自然主义的社会科学家们为社会科学研究所提出的任务,也是他们长期追求的目标。但为了避免由此带来的社会科学的合法性危机,因此需要"在本体论上深入到人的活动更为原始的根基中去,揭示使自然科学、人文科学、社会科学的方法论和认识论及其内部的矛盾和对立得以成立和开展的原初的此在的生存结构"②。当代自然主义在吸收反自然主义的批评后,以一种科学的整体论态度为认识科学提供了更加有力的支持。由此可见,社会科学的自然主义图景不仅指出了一种我们关于社会科学的基本认识和研究方法,而且坚持经验的、实证的科学精神,并致力于对自身的反思批判,具有开放性的特征。

(二) 构建了社会科学的自然主义价值体系

科学和价值之间的关系是科学哲学的基本问题之一,也同样是自然主义极其关心并发生重大观念转变的基本问题。以孔德、斯宾塞为代表的自然主义者认为,科学处理的是"事实",事实是客观的,是我们所寻求的关于世界的知识,而价值则承载着人类旨趣,是主观的。价值不能从事实推导出来,事实也不应当受到价值的影响。因此他们保持价值中立,主张用自然科学的模式与方法来建立社会科学。但正如麦克马林所说:"一个世纪之后,'科学知识负载着价值'这一格言,赢得了大多数人的赞同,就像其相反观点以前受到的待遇那样。事实和价值之间所设定的墙被打破了,科学和价值间有密切关系。"③一些温和的自然主义者或者说弱自然主义者认为科学与价值有着密切的关系,甚至是内含于科学认识之中的。既然价值判断已经内含于认识活动,那么在内含价值判断的科学活动中获得客观性知识是符合逻辑的。因为人类认识是有限的,是一种在一定程度上简单化和改变了的东西,它是研究者本人对现实的重构。那么在最低程度上,这种重构将在其价值判

---

① 丹尼尔·贝尔:《当代西方社会科学》,范岱年,等译,社会科学文献出版社1988年,第2页。
② 陈其荣,曹志平:《科学基础方法论》,复旦大学出版社2005年版,第286页。
③ W. H. 牛顿-史密斯:《科学哲学指南》,成素梅,殷杰译,上海科技教育出版社2006年版,第666页。

断中返回自身,确证自身。这就保证了社会科学客观普遍规律的诉求,由此揭示社会规律才是可能的。此外,针对反自然主义者提出的人类社会行为的不可重复性导致无法得出规律性认识的看法,自然主义也可以提供基本解释:如果说人类的社会行为是不可重复的,但人类的历史性存在方式以及追逐神圣生活的本性构成了自身理解社会并生存于其中的基础,而二者的结合恰好提供了一种认识的途径,避免了行为的不可重复所带来的问题,因为,认识的可能性更多地是以存在本身而不是存在的某种外在性质为前提。

然而为什么社会科学作为科学没有取得如同自然科学那样的足以改变人类社会生活或者是让人印象深刻的进展呢?立足于自然主义的社会科学家显然并不这样认为,自然主义的社会科学只是反对超自然的存在,主张经验地认识社会。也就是说,在社会科学中,可能出现两种情况。第一,把社会事实看作如自然事实一般的状况,这就是说,社会科学是对于隐藏在社会事实背后的客观规律的寻求。第二种情况是社会科学仅仅是一种社会建构,所谓的社会事实是在人们已有的社会理论指导下的建构物,社会科学由此变成对自身的证明。因为,作为人类构建的理论本身在参与社会生活后,必然引导人们去证实其自身,这一证实的过程又实际构建了人们的生活,也就是说,社会科学理论在传播中使自身得到了确证。因此不论在哪一种情况下,自然主义的社会科学都可以保证理论在发展中的科学性即自反性下社会科学的科学性,这也是社会科学的价值性和科学性的统一,如此社会科学的进步问题也就不容怀疑了。

三、现象学对自然主义的批判

在胡塞尔现象学中,对自然主义的批判占据了十分关键的位置,批判自然主义的意义在于为了达成其现象学之路,追究"哲学动机之本真意义,可以唤醒我们对更好的目的和道路的想象,并积极推动我们的意图"①。因此批判自然主义是胡塞尔走向现象学的一个重要节点。自《逻辑研究》之后,经过长达十年时间,胡塞尔才应李凯尔特之约拿出了《哲学作为严格的科学》一文。在该文中,胡塞尔同时与自然主义和历史主义展开争论。而在对自然主义的批判中,更是指出,"只是从结论出发而对自然主义进行这种虽然有用而必要的反驳仍然是远远不够的。与此完全

---

① 胡塞尔:《哲学作为严格的科学》,倪梁康译,商务印书馆2010年版,第12页。

相反,我们还必须对自然主义的基础、它的方法、它的成就进行必要的积极的批评,而且始终是原则性的批判"①。我们就依据《哲学作为严格的科学》这一文本,来理解现象学如何实现对自然主义的批判。

自然主义的自然是指一个按精确的自然规律而在时空演化中的统一意义上的自然。在自然主义者看来,一切存在的东西都隶属于物理自然的统一联系,包括心灵现象也都不过是具有心理物理的自然。所谓"精确"在胡塞尔这里与严格相对,专用来说明自然科学方法的主要特征。这样的自然主义观念在与自然科学的发展中形成了互相促进的历史,不仅自然科学因此得到了飞速发展,自然主义也因自然科学的发展而被认为得到了实现。

因此,在胡塞尔看来,自然主义发展到二十世纪之时确实有其巨大可见的成就。自然主义试图将自然科学方法当作获得可靠知识的唯一方法,并将其推广到它所能触及的一切范围。所以胡塞尔写道:"自然主义竭其精力而试图在自然和精神的所有领域中、在理论和实践中实现严格科学的原则,它竭其精力而追求对哲学的存在问题和价值问题做出科学的——在它看来是'精确科学的'——解决,而自然主义的这些精力也恰恰是它的功绩所在,同时也是在我们这个时代中它的主要力量所在。"②然而,问题也正在于此,自然主义下科学之观念"在理想的完善中它似乎成了理性本身,没有什么权威能够与它相并列并且超越它"③。在严格科学领地而非精确科学中肯定包含的所有理论的、价值的、实践的理想也被自然主义视为经验的。在这个过程中,自然主义歪曲了也偏离了哲学的严格科学路线。

在胡塞尔看来,自然主义的错误在于:一方面将意识自然化,一方面将观念自然化,以及因此而将所有绝对的理想和规范自然化。④ 而所谓自然化形式逻辑作为观念性的范例被自然主义视为思维的自然规律。自然主义者在其行为中是观念主义者和客观主义者。他们否认的恰好是他们所预设的前提,原因就在于他们将理性自然化。这也正是他们与古代怀疑论——唯一理性的事情就是否认理性本身——的不同。

---

① 胡塞尔:《哲学作为严格的科学》,倪梁康译,商务印书馆2010年版,第12页。
② 胡塞尔:《哲学作为严格的科学》,倪梁康译,商务印书馆2010年版,第11页。
③ 胡塞尔:《哲学作为严格的科学》,倪梁康译,商务印书馆2010年版,第81页。
④ 胡塞尔:《哲学作为严格的科学》,倪梁康译,商务印书馆2010年版,第9页。

自然主义坚持将自然科学的方法特别是实验方法推广到一切科学中,它认为这样的方法已经是完备的。然而正如胡塞尔所说:"它恰恰疏忽了对这个问题的更深入探究:可以通过何种方法来使那些本质上已进入到心理学判断之中的概念摆脱其混乱的状态,达到明晰的和客观有效状态。它疏忽了对此问题考虑:心理因素在何种程度上不是一个对自然的展示,而是具有一个'本质',这个本质是它所特有的本质。它可以在所有心理物理学之前便得到严格的并且是完全相适的研究。"①但是,就方法而言,实验方法尽管对事实科学有其重要性,不能否认的是它预先设定了一些东西,而这正是对意识本身的分析。而这一任务只能由现象学来完成,不可能在实验中得到解决。用胡塞尔的话来说,就是自然科学就其出发点而言都是素朴的,对于自然主义而言,事物存在着,简单地在此存在。"但是,自然科学家对此不需进行反思。科学家的方式和目的在于在直接朝向物本身和自然本身的态度中,而且在与持同样态度的科学家群体的合作中,对于自然本身,在其存在和如是存在中,按照事实以及或许按照艾多斯,去规定何者为真。"②

物理的自然科学不能为哲学奠基主要有两个原因:一是基于自然科学先天的某种素朴性,自然科学带着这种素朴性而将自然理解为自明地确定了的和在先给予的,无法在经验一般的层面说明其可能性。二是某些反思所呈现出来的问题,于是所谓认识论的学科还处在怀疑中。期待自然科学解决自然科学本身所提出的问题就意味着一个悖谬的循环。

在胡塞尔看来,对自然科学的奠基,不仅需要排斥任何对自然的科学设定以及对自然的前科学设定,包括"所有隐含着对事物性连同空间、实践、因果性等等的理论实存的陈述也必须始终被排斥。这一点显然也延伸到所有那些与研究者的此在、他们的心理能力等等有关的实存设定上"③。由此可见,这样的奠基,需要排斥所有客观的和主观的设定。

既然自然主义存在着如上这些不可克服的问题,现象学作为意识的科学本质的研究就开启了新的方向。在现象学和自然主义之间为何存在如此不同的地位,可以从精确心理学和现象学的关系中得到进一步确认,这是胡塞尔所采用的具体

---

① 胡塞尔:《哲学作为严格的科学》,倪梁康译,商务印书馆 2010 年版,第 28 页。
② 胡塞尔:《现象学心理学》,李幼蒸译,中国人民大学出版社 2015 年版,第 96 页。
③ 胡塞尔:《哲学作为严格的科学》,倪梁康译,商务印书馆 2010 年版,第 16 页。

例证。如果说认识论从事关于意识与存在的关系问题的研究,那么可行的方向只能是把存在看作是意识的相关项。也就是说,研究的方向是"一种关于意识的科学本质的认识,朝向意识本身在其所有可区分的形态下按其本质之所'是'的东西,但同时也朝向意识所'意指'的东西,以及朝向那些各种不同的方式"①。

关于对自然主义的批判,还可以从对实证主义的批判得到某些有益参考。胡塞尔对实证主义的批判大概包括如下几个方面:一是实证主义将科学限定为事实的科学,排斥科学对人生意义和价值的研究,其科学观残缺不全。二是实证主义是抽象的、朴素的理性主义。三是实证主义在扼杀哲学。四是实证主义造成了哲学的危机,也造成了科学的危机。②

第二节 从自然态度到现象学态度

当现象学进入社会科学之时,对自然主义的批判是必然的。而这种批判必然以自然态度和现象学态度的区分为前提,它首先关涉的是如何理解现象学的问题,其次还涉及以什么样的思维模式去面对认识的可能性问题。

一、什么是自然态度和现象学态度

在当下人们对自然态度的描述中,总会拿日常身边小事来说明。比如,当我们坐在桌前写作时,眼前的电脑、桌椅以及书籍等等都作为物质对象而呈现给我们,当我们谈论社会科学时还看到有社会、行动以及法律等等非实体的事物。这些日常的对象直接给予我们,直接地存在着。显然,这样的认识局限于一种当下的存在,对世界的认识转变为对某个封闭不变的空间的认识。但严格地讲,这里反映的是具备其同一性的事物能够在我们的日常生活世界中得到确认。

实际上理解自然态度还有另外一个角度。在本书看来,这个角度便是从日常所理解的世界出发,这会更容易让我们理解什么是自然态度。日常理解的世界或者说自然态度立场下的世界,显然包括一切我们所见所感所想之物。换句话说,包

---

① 胡塞尔:《哲学作为严格的科学》,倪梁康译,商务印书馆2010年版,第17页。
② 曹志平:《科学诠释学的现象学》,厦门大学出版社2016年版,第51-55页。

括一切我们所能经验和可能被经验的事物;但世界并不是这些事物的总和,我们不能把世界设想为一个容器,经验事物就处于其中,就如同不能把世界和经验事物设想为一个大房间和其中摆设的各种家具一样。与世界作为一个封闭不变的空间相比,"世界更像一个语境、一个舞台背景、一个背景,或者是一个对于所有存在着的事物、所有能够被意向并且被给予我们的事物来说的视域。世界不是与它们相互竞争的另一个事物。世界是对于所有事物来说的整体,而不是它们全部的总和,并且,它作为一种特殊的同一性而被给予我们。我们永远不可能使世界作为众多事物之中的一个物项而被给予我们,甚至也不能使之作为单个物项而被给予:它仅仅作为'囊括一切'而被给予。它容纳一切,但是并不像任何世间的容器。'世界'这个词项是一个'至大的单一'(singulare tantum);只可能存在其中的一个。可能存在着很多星系,可能存在着许多适合于有意识的生物栖居的行星(尽管对我们来说只有一个),然而只有一个世界。'世界'不是一个天文学概念;它是一个与我们的直接经验相联系的概念。世界是对于我们自己以及我们经验到的所有事物来说的终极背景。世界是对经验来说的具体而现实的整体"①。因此,与现象学不同,世界在我们的自然立场中,成为自明给予的在此存在,成为我们认识活动的基本预设。所谓自然态度就是以此观点为基本立场,是我们最为基础的、朴素的看待问题和处理问题的思想态度。不过应该认识到自然态度作为基础的认识态度,它有多层的视角,比如有日常生活的、科学家的视角以及其他一切非反思的视角等等。

有学者认为,自然态度"它关注认识的客体而不注重认识的主体,根本不考虑认识的主体与客体的关系"②。这固然有其合理的地方,但在本书看来,自然态度就其作为我们原初地指向世界的关注而言,还远远谈不到主客体的问题,将主客体问题与自然态度联系其实已经是一种非自然主义态度。但倘若因此说自然态度下的认识不具备反思也是不合适的。胡塞尔在批判自然主义科学观时就指出自然科学也具备反思性,只不过与现象学相比,它的反思是具体的。即使我们从日常生活出发也可以发现这一点。比如我们正在思考,一般而言并不会同时意识到思考本身,但总有某些时候,能够意识到我们正在思考。

---

① 罗伯特·索科拉夫斯基:《现象学导论》,高秉江、张建华译,武汉大学出版社2009年版,第44页。
② 张云鹏,胡艺珊:《现象学方法与美学》,浙江大学出版社2007年版,第64页。

第四章 现象学反思社会科学的方式

当一个人意识到自己在意识的时候,其实面临着一个较为复杂的状况。因为自我意识将自己从世界中摘了出来。而紧随其后的就是我与世界的关系问题以及我如何认识世界的问题。

胡塞尔正是在关注人在世界中的处境中开始了对自然态度的认识。胡塞尔讲到,"我意识到一个在空间中无限伸展的世界,它在时间中无限地变化,并且已经无限地变化着"①。他认为,自然态度具有某些极普遍的特征,如我们总是存在于一个"时空现实"中,这种存在是作为一种先在的事实呈现给我们的。因此胡塞尔说:"我不断地发现一个面对我而存在的时空现实,我自己以及一切在其中存在着的和以同样方式与其相关的人,都属于此现实。'现实'这个词已经表明,我发现它作为事实存在着而存在,并假定它既对我呈现又作为事实存在着而呈现。对属于自然界的所与物的任何怀疑或拒绝都毫不改变自然态度的一般设定。'这个'世界永远作为一个现实存在着;至多在这里或那里它以'不同于'我设想的方式存在着,并应当从中消除称作'虚妄'和'幻念'的那类东西。按照这个一般设定,这个世界永远是事实存在的世界。"②

很明显,这里隐含着我们接受世界以及世界万物的基本方式即信念。首先就是我们具备世界就是如此存在的信念,我是世界的一个部分或者说是世界中的一个事物。同时,与其他事物不同的是,世界对我呈现,我在认知上拥有世界。在胡塞尔看来,论述自然态度的意义就在于发现这样的悖谬:"这个世界始终是同一的世界,尽管由于其内容组成的不同而改变着。它不断对我'在身边',而且我是它的一员。此外,这个对我存在的世界不只是纯事物世界,而且也以同样的直接性是价值世界、善的世界和实践的世界。"③因为这种悖谬开启了通往现象学态度的可能。

还需要强调的是,当我们强调自然态度的前反思性质时很容易造成一种误会,以为自然态度和现象学态度是决然分裂的。其实不然,在自然态度中,我们多次提到关于世界的信念等问题,这明确地说明其中所蕴含的哲学预设。而且我们谈论自然态度的上述一切,明显不可能是在自然态度之内阐述。实际上,我们已经是站在现象学态度之中来做出上述的论述。

---

① 胡塞尔:《纯粹现象学通论》,李幼蒸译,商务印书馆1992年版,第89页。
② 胡塞尔:《纯粹现象学通论》,李幼蒸译,商务印书馆1992年版,第93-94页。
③ 胡塞尔:《纯粹现象学通论》,李幼蒸译,商务印书馆1992年版,第91页。

现象学态度与自然态度的最大不同就在于二者对待世界的信念不同。我们知道，自然态度下世界被自明地给予我们，是永远地在此存在；而现象学态度则认为这些基本预设都是可疑的。现象学态度用一种反思的方式来关注意识到的一切，它完全推倒了在自然态度下的一切信念，包括世界信念。所谓"反思"，是指我们的目光不再只投向对象，而是返回到意识自身中来。因此索科拉夫斯基指出，"自然态度是我们纠缠于我们最初的、指向世界的姿态之时持有的那种关注，这时候我们意向着事物、境遇、事实以及任何其他种类的对象。可以说，自然态度是缺省的视角，是我们由此出发的视角，是我们最初的视角。我们并不是从任何更为基础的地方进入自然态度。而现象学态度则相反，它是我们对于自然态度以及发生在自然态度中的所有意向性进行反思的时候所持有的那种关注。我们正是在现象学态度之内来进行哲学分析"①。他说，"从现象学的视点出发，我们用分析的方式来观看和描述全部特殊的意向性及其关联物，还有世界信念以及作为其相关项的世界"②。

莫里斯·纳坦森曾写道："从某一方面来说，现象学的态度包含在对经验的醒觉之注意里面。现象学家关心的不是直接把握到的经验，而是对经验做反省留在自然态度中，如我们已注意过那样，个人在他自然而然的有什么就是什么的知觉中生活；在现象学态度中，他拿他的知觉生活当作研究的对象。"③也就是说，现象学态度要想得到清晰的认识，必然要和自然态度相联系，前面的论述已经表明了在自然态度和现象学态度之间的前后相继关系。这样一来，一个更为根本的问题马上就显现了出来，我们如何能从自然态度转向现象学态度？而这个问题也正是莫里斯·纳坦森所关心的，他认为"答案在于对原本的怀疑或惊奇的意义之解释中"④。对此本书认为这一回答是合理的，也符合胡塞尔本人的认识，更符合一种现象学的认识。

---

① 罗伯特·索科拉夫斯基：《现象学导论》，高秉江、张建华译，武汉大学出版社2009年版，第42页。
② 罗伯特·索科拉夫斯基：《现象学导论》，高秉江、张建华译，武汉大学出版社2009年版，第48页。
③ 莫里斯·纳坦森：《现象学宗师——胡塞尔》，高俊一译，允晨文化实业股份有限公司1982年版，第87页。
④ 莫里斯·纳坦森：《现象学宗师——胡塞尔》，高俊一译，允晨文化实业股份有限公司1982年版，第87页。

二、转向现象学态度的途径

当我意识到"我",意识到我与世界的这样既在其中又在其外的悖谬关系时,现象学态度向我们展开了自己的神秘之处。此时,我仅感到一种认识的"迷惘":我们如何在"切近"与"远离"的状态下获得可靠的认识。在严肃的态度下,或许我会开始怀疑经验事物,开始怀疑我们的认识,甚至有可能我们怀疑怀疑本身,然而这样我们必然走入一种非理性的态度。而现象学态度则从怀疑出发,由怀疑开始沉思,但现象学去除了古希腊怀疑论的意味。在沉思中,所有意向性及其关联物没有如笛卡尔那般被抛开,相反它们维持现状,而这也恰好保持了我们沉思的可能。在沉思中,我们不再作为世界的参与者,而是远离世界,作为旁观者沉思我们与世界及万物的关联。正是这样的远离与切近,真正构成了现象学态度下认识的可能性,真正体现着一种彻底的反思的哲学精神。

胡塞尔在论述自然态度向现象学态度的转变时,用了一系列如还原、悬搁、加括号以及中止判断等术语。在他那里这些术语在本质上是一样的。从自然态度向现象学态度的转变被称作现象学的还原也叫先验还原,这也是"还原"两字在现象学中最为基础的含义。胡塞尔曾言:"按照这种还原法,我们将能排除属于每一种自然研究方式本质的认识障碍,并转变它们固有的片面注意方向,直到我们最终获得被'先验'纯化的现象的自由视野,从而达到在我们所说的特殊意义上的现象学领域。"①如果从程序上来说,首先需要中止判断,主要是指中止存在与否的判断,意即悬搁这个问题。中止判断意味着现象学中笛卡尔因素的摒弃,当然同时也就是现象学的开始,但就其在还原中的地位而言,它仅仅是一个开始。把世界及世界万物加括号,通过这样的步骤,现象学态度表现出较自然态度而言的某种批判意义上的优越性,因为它保留了自然态度下面向对象的直接性,同时还关注意识的主体方面。不至于把"显像实体化"或是"事物观念化"。就还原而言,胡塞尔认为包括两个方面即本质还原和先验还原。丹·扎哈维特别强调了对悬置和还原的区分,在他看来这是关系到现象学态度是否可能的关键问题。在他看来,"悬搁是一个表示对一种朴素的形而上学态度的突然悬置,它最终可以被比作进入哲学的大门。与之相对,还原是一个表示我们对主体和世界之间的相关进行主题化的术语。这

---

① 胡塞尔:《纯粹现象学通论》,李幼蒸译,商务印书馆1992年版,第44页。

是一个引导我们从自然领域回到其先验基础的漫长而困难的分析过程"①。

我们已经就自然态度向现象学态度的转变的可能性做了简单的论述，那么紧接着就需要回答另外一个问题，即现象学态度的转变为什么是应该的。思考这个问题，同时也是深入了解自然态度和现象学态度的区别，加深我们对现象学态度理解的内在需要。胡塞尔就此曾提出过三种方法或者途径来说明。一是笛卡尔式的道路即怀疑一切，通过怀疑为知识寻找确定的根基，并追溯到我思。然而，笛卡尔的我思实际上还停留在经验自我上，因此胡塞尔主张进一步还原到先验自我获得其纯粹性。二是心理学的道路，这也是胡塞尔自己思想发展的道路，"其特点是不关心物理事实及关于物理事实的科学，而把目光转向心灵之物，试图把握心灵之物的观念联系"②。三是康德式道路，即表示主体性与客观性的结合基础上的知识可能性。在胡塞尔看来，三条道路分别述说出三种不同的对现象学还原的合法性，笛卡尔式道路是因为客观性的自明性不足而缺乏有效性，心理学道路则要克服只重视主体而忽视存在的问题，康德式道路则涉及科学与哲学的关系问题。

在现象学中，达到现象学的还原，实现从自然态度转向现象学态度，其实具有很多道路或途径。除了胡塞尔上面所讲到的，理论上来看，还可以有其他不同的道路。问题在于，在现象学自胡塞尔之后的发展中，海德格尔、梅洛-庞蒂等人对还原的理解与胡塞尔存在很大的不同。德穆·莫伦就对此说道："许多哲学家，包括不少胡塞尔自己的跟随者，反对这个还原能够被执行。海德格尔与梅洛-庞蒂都否认能够完全去执行这个还原，坚持我们只能够回想到我们的在世存有，想要超越此现象是不可思议的。"③这样一来，要说明还原的意义就应当将这些因素纳入其中，因此我们认为索科拉夫斯基所考察的存在论还原道路和笛卡尔式的还原道路很具有代表性。

与笛卡尔式的还原道路相比，存在论的还原道路较为温和，不至于走向怀疑论或如休谟的现象主义之中。它所关注的是真正的科学性与主体性的问题。由于传统的以物理学为代表的自然科学模式尽管能获得关于某物或某个领域的深入理解，但不管他如何具有说服力，却总在主体性方面是严重缺失的，而这必然带来意

---

① 丹·扎哈维：《胡塞尔现象学》，李忠伟译，上海译文出版社 2007 年版，第 44－45 页。
② 洪汉鼎：《重新回到现象学原点》，人民出版社 2008 年版，第 169 页。
③ 德穆·莫伦：《现象学导论》，蔡铮云译，桂冠图书公司 2005 年版，第 212 页。

义的丧失。因此索科拉夫斯基写道:"只要一门科学是单纯客观的,它就迷失于实证性。我们拥有关于事物的真理,但是至于我们如何具有这些事物,我们却没有这个方面的任何真理。一旦我们认识的事物把我们迷住了,我们就会遗忘甚至迷失自己。科学真理也就处于漂浮无根没有主人的状态,似乎是无所归属的真理。为了完善科学,为了达到充分的科学性,我们需要探究在科学那里起作用的各种主体性的结构行为。"①

在索科拉夫斯基的分析中,笛卡尔式的还原道路吸取了笛卡尔的普遍怀疑并做出了修正,比如,他提出一个词"尝试",即用尝试的怀疑取代普遍怀疑。"因此怀疑并不是用来帮助我们进入现象学转向的好模式,而尝试去怀疑却是一种好模式。尝试去怀疑可以让我们清楚地瞥见以现象学方式对我们的意向加以中立化就像是什么样子。"②前者能够使我们有所停留,从而把握一种中立的态度,后者则很容易被带入怀疑论的泥沼。

三、现象学态度的重要性

(一)克服传统,连接现代

现象学态度的进入才真正意味着现象学研究的开始。众所周知,在胡塞尔的阶段,现象学主要被视为一种认识论的突破和变革。不过从上述现象学态度和自然态度的对比中,不难发现,现象学态度所展示出的现象学本身远不止在认识论上的价值。

现象学承接笛卡尔主客二分的近代哲学思想,并依据意向性等概念突破了认识论的陷阱,表现出了与其后一系列现代哲学派别和思想以及后现代观念的联系。不只如此,它还返回到古希腊哲学中吸取营养并使之在新的环境下再次展现出独特魅力。在胡塞尔看来,早在苏格拉底就提出了对理性进行直观和先验的批判,而这恰是现象学试图从近代哲学中摆脱出来的基本出发点和认识。因此胡塞尔写道:"他第一个看到作为纯粹本质直观之绝对自身给予性的纯粹的和普遍的本质东西的自在存在。与这种感觉发现相关联,由苏格拉底为伦理生活所普遍要求的彻

---

① 罗伯特·索科拉夫斯基:《现象学导论》,高秉江,张建华译,武汉大学出版社2009年版,第52-53页。
② 罗伯特·索科拉夫斯基:《现象学导论》,高秉江,张建华译,武汉大学出版社2009年版,第55页。

底说明,当然就获得一种具有深刻意义的形态,即按照必须有纯粹本质直观突显出来的理性的普遍理念而对积极的生活进行原则性规范的或正当性证明的形态。"①在胡塞尔那里,历史在当下得到新的解释,反过来当下以史为镜,才能得到充分的理解。不只胡塞尔高度重视历史的意义,海德格尔对解释学循环的论述则从理论上确认了前理解作为理解的基本条件。海德格尔本人不断追溯传统的研究特点也充分说明了他对这一思想的贯彻。

因此,进入现象学态度所揭示出来的现象学基本特点告诉我们应该如何恰当地把握现象学或者说哲学本身。它不仅从理论上为人的生存、认识的可能等提供了多种可能性,其本身的发展更提供了一个合适的论证,表明了一种哲学的高度开放性。

(二)确认前哲学的生活经验思维的有效性

现象学的价值还特别体现在它对哲学和前哲学的人类生活的某种联系以及二者地位和有效性的肯定上。在人类社会的发展历程中,当哲学思维得到高度发展时,人们很容易认为哲学思维优于其他思维模式,比如曾出现的哲学为科学之母的认识就是这样的情况。在生活实践中,这种哲学所面临的自我膨胀同样有着很大影响,比如当下充斥于社会的虚无主义,其实其背后有着很深刻的哲学思想根源。科学也同样如此,在当今大工业时代甚至表现得更为明显。科学在生活中的深度渗透使人们遗忘了生活的原初状态,人们的生活的有效性被科学来划定评判。然而就我们对科学的认识而言,有可能只是如库恩所言那样,科学的形象不过是我们对已有科学成就的认识,它与科学的本质有着巨大的差别。但科学本身被误解时,我们还在生活中以科学和非科学的对立来推动行动,显然,其结果必然是荒诞的。现象学态度从自然态度中生发出来,它没有否认自然态度的有效性,这就意味着对前哲学生活和经验的有效性确认。但现象学也不是不加反思地接受自然态度,它在看到其有效性的同时,也看到了自然态度可能的局限,因此才能提出现象学态度的必要性。在现象学中,不只理论在历史中获得新的解释,人们的生活、经验也同样具有一种前理解的性质。

---

① 胡塞尔:《第一哲学》,王炳文译,商务印书馆 2006 年版,第 40 页。

(三) 保持对科学的审慎反思

本章一开始应用了索科拉夫斯基的一句话来说明科学的世界被我们当作真实的世界。实际上,他是在与生活世界的比较中来谈的,"由伽利略、笛卡尔和牛顿引入的高度数学化的科学形式导致人们认为,我们在其中生活的这个世界,由缤纷的色彩、各种声响、树木、江河与岩石所组成的世界,由那些逐渐被称为'第二性质'的事物所组成的世界,并不是实在的世界;相反,各门精确科学所描绘的世界被认为是真实的世界,而且它与我们直接经验的世界颇为不同。看起来像是桌子的东西,实际上是诸多原子、力场和空洞的空间组成的一个混合体。原子和分子,力、场以及科学描述的规律,被说成是事物的真正实在。我们在其中生活并且直接知觉到的世界,仅仅是通过我们的心灵对感官输入的信息做出回应而制造的建构物,我们的感官则负责对对象发出的物理刺激做出生物学反应。我们在其中生活的世界,我们经验的这个世界,最终是非实在的,而数学化的科学所达到的世界,作为这个单纯表面上的世界之原因的世界才是实在的"。① 这段话十分精彩且清晰地表明了现象学态度下科学与世界的关联,表明理论如何成为我们认识世界的基本条件。结合社会科学的发展,现象学态度在此让我们理解了社会科学一方面是我们认识人类及社会的前提,另一方面又是我们不断建构的产物。如果说在这种建构与事实的张力中存在着遮蔽的可能,那么保持对科学的高度批判则是哲学同时也是现象学的主要任务。

第三节 社会科学的反思结构

当我们进入现象学态度时,意味着对社会科学的一种现象学考察的具体展开。就像胡塞尔说的,"任何一类对象,如果它想成为一种理性话语的客体,想成为一种前科学认识,而后是科学认识的客体,那么它就必须在认识中,也就是在意识中显示自身,并且根据所欲认识的意义而成为被给予性"。② 我们对社会科学做现象学

---

① 罗伯特·索科拉夫斯基:《现象学导论》,高秉江、张建华译. 武汉大学出版社 2009 版,第 144 页。
② 胡塞尔:《哲学作为严格的科学》,倪梁康译,商务印书馆 2010 年版,第 17 页。

的研究，正是试图使社会科学作为一个类名词成为我们理性话语的客体。很显然，在这里我们不是认为日常所谈的社会科学不是理性话语之客体，而仅仅是说，要从现象学角度出发，进一步认识社会科学如何成为理性话语的客体，以及其在成为理性话语客体之后，我们可以就其方法、基础等说点什么，对此现象学提出了自身独特的反思性认识。

一、现象学对社会科学的提问方式

一种现象学的社会科学哲学研究，即以社会科学为对象，经由现象学的途径得到开展的哲学研究。对此，我们可以简单地概括一种现象学视野下的社会科学到底是什么。再进一步，问题其实就是"社会科学是什么"。因此就现象学对社会科学的提问方式而言，实际上包括两个方面的内容，即现象学的途径和社会科学本质。现象学的途径首先意味着"直观看"，这也就是说，我们首先要实现从自然态度向现象学态度的转变，形成现象学对社会科学特有的提问方式。而社会科学本质就是指那些能够使某一门学科可以被认为是社会科学的东西。

具体而言，我们所要解决或发问的是"社会科学是什么"。伴随着这一发问，那得到追问的东西是什么呢？当我们如此追问时，这就是对决定社会科学基本性质的某些要素的追问。所以，当我们提到社会科学时，很自然地会从内心冒出比如社会学、经济学、政治学等学科门类，并将这些学科门类的合集称为社会科学。社会科学的现象学之看就是从这些日常认识出发，去观察我们日常称为社会科学的东西，但最终目的却是从中得出社会科学何以被称为社会科学的根据，或者说要描述社会科学成其为自身的本质特征。这也正是我们所讲的现象学的社会科学哲学对社会科学发问的基本着眼点。

那么我们对社会科学的现象学之看，到底要看什么，这是一个核心问题。因为我们要探寻对社会科学具有决定性的要素，必须首先着眼于我们所要问及的现实的社会科学，即那些所有要被我们提及的社会科学的显现。它也意味着我们对社会科学的现实的经验认识。显然我们不能只是泛泛地描述社会科学可能正在发生的一切，特别不能沉迷于某一具体学科的细节问题，以致不能从整体上获得一种深入观察。因此我们应当就社会科学这一整体事物深入进去，了解作为"复数的"社会科学的主要特征。去考察那些已经被视为理所当然的基本共识，去怀疑并做出说明。

第四章 现象学反思社会科学的方式

不言而喻的是,作为一个整体的社会科学概念,具备相当程度的复杂性。它不仅包括当下已有的理论模式,还包括以理论为行动指南的实践问题,而且理论的建构本身其实也是一个实践问题。此外一种历史性的发展也应该被纳入这一整体来考虑。换个角度,我们还可以看到社会科学包括从事社会科学研究、实践的主体、社会科学的对象以及社会科学的概念、理论框架和评价体系等等。社会科学的研究,通常有一个主要的目的,就是要通过对社会或人的科学研究,提供人们理解社会现象、预测社会现象走向以及推动人们合理调整行为的理论模式。这就意味着社会科学包括几个核心要素,如理论、对象、主体等。当然,我们还可以进一步划分,理论包括概念、命题、假设等等。对象又可以从集体和个人来分析,主体可以就认识和实践得到区分等。这样的划分还有很多,而且不同的划分还涉及不同的涉入角度,也许不同划分还有不同的重要性。事实上,随着这样的细分,社会科学家总是不可避免地涉及某些哲学问题,这也就不难说明为什么那么多的著名社会科学家在其著作的开头总提及某些基本概念和方法论的问题。

通过这种基本的描述性分析,我们对日常生活中习以为常的东西可以从自然态度开始,并经由向现象学态度的转变而开始提出我们的疑问,真正意义上的现象学研究也正是以此为开端的。

此外,现象学态度还有另外一层含义即在于其反思的特征。在反思开始之前,我们需要肯定的是它与非反思的观察之间具有十分密切的联系。实际上,没有之前的非反思的观察,也就不会有后面的反思性的认识。因为就二者的关系而言,反思性认识的对象完全来自非反思性的观察。二者仅有的不同在于反思性观察将多重意向性关系纳入其中。举例来看,我们对一事物 A 的观察,还包括被关注的事物以及作为事物如何被关注。这里的如何被关注与被关注的事物区别在于前者更多地把意向行为作为对象。因此换句话而言,它涉及意向对象、意向行为以及作为对象的意向行为。就拿社会科学本身来说,对社会科学的认识,首先是社会科学本身的显现,这在意向性结构中作为意向对象而存在,但如果满足于此层次的认识,社会科学仅仅是一个外在于我们的现象,作为非反思性对象存在。而现象学对社会科学的认识必须进一步意识到有我们认识社会科学这一意向行为,构成现象学反思社会科学的意向性结构中的重要内容。但到此还没有彻底化,现象学的反思还应该可以将作为意向行为的这一极进一步当作对象得到把握。

二、社会科学以自我的建构为对象

在自然科学中,科学家作为主体与作为客体的研究对象是被严格区分的。其思想根源就是近代笛卡尔以来的哲学上的主客二元对立。而以此为基础,自然科学在对象上坚持一种自为的存在,方法上强调实证研究,以获得关于所谓客观事物的规律性认识为目标,因而以一种符合论的真理观为其价值取向。社会科学中的研究对象尽管也一度被视为与自然科学研究对象没有本质区别。但自维科以来,关于自然科学和社会科学对象之争就从未停止过。那么维科为什么提出二者之间的区别呢?因为对他而言,"人的自然本性"是理智的,而社会则是人的创造物。理智所把握的知识包括物理学、天文学,但同样也包括经济学和政治学等,他们分属于知识体系的不同分支。从根本上讲,我们对宇宙的理解实际是为了获得关于我们对自身创造的理解,因此,只有关于人自身的知识才是我们获取知识的真正目标。卡西尔对此写道:"吾人的知识的范围并不能逾于吾人的创造的范围以外。人类只于它所创造的领域之中有所理解;这一项条件严格地说,只能于精神的世界中实现,而不能在自然中获致圆满……人类所能真正理解体会的,并不是事物之本性,因为事物是永远无法为人类所穷尽的;人类所能真正理解的,乃是他自己的构造的结构与特色。"①

由此,人们对社会科学的对象之属性的争论不断深入,大致分为三个方面:一是社会科学对象是自为的还是自在的。一般而言,自然科学的研究对象主要是具有自在性质的自然界,自然界里存在着各种各样的物理的、化学的、生物的等自然现象及过程,它们的存在和运演规律是不以人的意志为转移的。而社会科学的研究对象则是因为人的有意识、有意志、有情感的活动才形成的社会现象。二是社会科学对象是否内含价值。一般情况下自然科学被认为与价值无涉,相反,社会科学对象必然有价值附着其中,甚至主要就是价值事实。人们在创造社会事实的过程中,必然把情感、意志、价值等因素凝结于其中。在人的现实的社会活动中,社会事实与社会价值总是互为表里、互相依存、相辅相成的关系。三是社会科学对象是确定的还是不确定的。社会科学对象有确定性的方面,但与自在存在的自然界不同,社会是自为的存在。在这个具有自我意识、自我组织、自我调节和自我更新功能的

---

① 卡西尔:《人文科学的逻辑》,关子尹译,上海译文出版社 2004 年版,第 15 页。

第四章 现象学反思社会科学的方式

有机整体中,不确定的因素更多,而且这种不确定与自然对象的可重复检验相比,多具有新奇性和独特性。①

那么社会科学的研究对象究竟应该是什么呢?以涂尔干为代表的社会学家认为社会现象是不能被构建出来的,能够被当作研究对象的社会现象一定是客观的。而且涂尔干在方法论上倾向于整体论而不是个体论。与之相反,吉登斯则认为,"社会科学涉及的是产生和创造概念的行动主体,他们将他们所做的以及他们行动的条件进行理论化。正如新近的科学哲学所阐明,自然科学现在逐渐成为一种解释学。科学就是致力于解释,其中的理论是由意识框架所组成的。然而,与自然科学不同,社会科学是一门'双重解释学',因为社会科学中提出的概念和理论要适用于一个由具有建立概念和理论能力的个体活动组成的世界"②。二者比较而言,我们认为吉登斯的观点更接近我们所看到的关于社会科学的真实的一面。此外,从前面讲的对社会科学的现象学之"看"发现,社会科学归根结底是以人为研究对象的,只不过不同学科的侧重点不同而已。比如经济学是研究人与人之间的物质交换,社会学则研究的是人类组成社会的关系、组织等等。所以,社会科学显现给我们的多样性说到底不过是将人放在不同的关系中去考察,是人类对自身的某种方式的概念性把握。比如1971年心理学家菲利普·津巴多在斯坦福大学开展了一个实验,他从70多名志愿者中选出21名在性格测试中表现出诚实可靠稳定特征的学生,把他们分为囚犯和看守两组。实验最初仅旨在了解当人们被人为分为两类时,会受到什么样的心理影响。然而随着实验的进行,这些志愿者的表现完全出乎意料,他们都沉浸在自己所扮演的角色中不能自拔,甚至就连实验者津巴多本人也差点以为自己就是所扮演的角色。实验最后不得不因为监狱破坏性的价值观内化到实验人员意识之中所产生的巨大风险而结束。这场名为斯坦福监狱实验结果告诉我们,环境对人有着巨大的影响力,在一个不知道规范的环境中,人格不能控制行为,而人们的行为本身显然是一个角色、身份的塑造。因此对于我们所探讨的社会科学的研究对象而言,推而广之,只能是人的自我建构,而不是一个稳定不变的抽象的人。

---

① 参见欧阳康:《社会认识论——人类社会自我认识之谜的哲学探索》,云南人民出版社2002年版,第53页。

② 吉登斯:《为社会学辩护》,周红云,等译,社会科学文献出版社2003年版,第73页。

三、社会科学需回到生存中

社会科学的反思结构,除了对象的一端之外,还包括意向行为,以及作为对象的意向行为,后者其实是内含在反思结构的意向对象和意向行为之中的。

在胡塞尔现象学中,意向行为是一个十分重要的概念,它意味着对意识对象的构造。就其方式而言,可以视作远离与切近的运动。社会科学的现象学之"看"首先要求我们远离社会科学。所谓远离,是指依照我们的目的,试图去描述关于社会科学过去、现在、发生的事情。众所周知,由于在理论与观察之间存在着可能的渗透关系,特别又涉及社会科学这样本身就是以人为研究对象的科学理论等,所以长期以来我们陷于究竟要远离还是切近对象的问题中不能自拔。这里我们直接提出远离,就是要求放弃理论与观察的关系问题,仅从自然态度出发,暂不追问我们是否受理论影响等问题,直接面向日常所认识的社会科学。这样一来,原则上对社会科学的观察并不难于我们去观察一张桌子或一只烤鸭。而切近同样意味着先于言说的某种根据,也就是作为"自身表现者",因而对于人而言,实际上就是人对自身建构的自我显现。瓦尔特·比梅尔对此明确指出,"人在他自己的时间之到时中获得'切近',这种'切近'不是什么给定的东西,而是某种生成的东西,它通过人的生成变化的独特方式而展示出来"①。

这种构造同样依赖于另外一个关键概念即生活世界。生活世界本身就是一个作为与科学世界相对立的概念被提出来。很明显的是,我们论及我们生活所处的这个世界时,受到无法想象的巨大影响,特别是当我们素朴地以为科学就代表着客观真理之时,世界给我们展现的也只能是一个科学的世界、一个概念的世界。而生活世界的提出,就是针对这一被误认为是真实的科学世界,而直接指向我们所经验的并生活其中的世界。有学者指出,"对于一个适当的科学研究来说,首先要回归的是日常生活中的经验知识,而并非是科学的结构或一个逻辑的系统。意即从生活世界中的前科学之经验与依赖此经验的思维出发,去描述知识的取得以及语言的特性……只有在日常的生活世界中,一个共同的沟通环境才能形成,其实我们每天都是这样在生活。因此对于建立在现象学传统的社会科学而言,日常的生活世

---

① 瓦尔特·比梅尔:《当代艺术的哲学分析》,孙周兴,李媛译,商务印书馆2012年版,第265页。

界就是人之最主要的现实"①。

对于胡塞尔而言,生活世界除了是构成我们前科学经验的重要场域之外,更重要的是因为它是生活的"原始自明领域"。就现象学立场出发,一种对社会现象合适的科学研究,首先要回归到日常生活世界中,回归到日常的经验知识中。所以,社会科学的对象实际上也就是人最基本活动的现实。而海德格尔的"存在先于本质",奥尔特加的"我即我加上我周围的环境"等典型现象学观念,使我们明白社会科学必须回到人的生存中来认识。

举个不十分恰当的例子,比如我们要分析高校学生逃课率居高不下的原因并提出解决办法,就需要回到高等教育的本质以及人的生存状态中去彻底地反思这一现象。这就涉及我们对于大学生际遇的认识。在海德格尔看来,人——此在是被抛在世的,所谓被抛就是说不是一种自由选择,而是有所限制的选择。作为某一存在者,他有一定的可能性,但也使他只有这样的可能而没有其他的可能。这里要注意的是,此在的存在本身恰好就是通过这种被限制的可能性得到展现。高校学生工作的主要参与者如果能够从自身存在的可能性出发,从有限制的选择出发,才有可能明确大学生的衡量标准,只有明白了这一基本问题,才能够在高校学生工作中做出相应的选择,使自己时刻保持清醒,努力培养一个真正的大学生或是实现大学生的自我培养。既然高校学生工作的本质是大学精神的落实,是要培养真正的大学生,那么高校学生工作就必然以之规范自身。这种规范换言之就是以高校学生工作的"应当"来评价高校学生工作的现实状况,即从高校学生工作的本质转变为评价高校学生工作现状的标准。

---

① 林信华:《社会科学新论》,红叶文化事业有限公司 2005 年版,第 406-407 页。

第五章 现象学使社会科学个体性本质显现

讨论社会科学的"个体性本质"问题,最重要的就是要解释社会科学规律的相关问题,包括社会事实有没有规律,如何形成关于规律的科学认识,以及规律与个体性的关系问题等。海德格尔认为,历史性认识在构成认识可能性的同时也遮蔽了对象。我们对本质的认识就是如此,本质概念在历史中发生了多次意义的转变。在这样的历史中,本质自身含义被遮蔽,以致本质作为普遍性成为不言而喻的。而长期以来,特别以逻辑实证主义为代表,一直将物理学等自然科学作为榜样,坚持对普遍规律的追寻,这种科学观的坚持在现象学看来并没有抓住问题的核心。胡塞尔就认为,在科学领域内寻找科学自身的合法性显然是不合适的,因此他区分了个体性本质和普遍本质,认为纯粹现象学把握的是普遍的本质,也只有纯粹的现象学才能为科学奠基。但胡塞尔同时还认为,科学性不仅仅包括基础的科学性,应当还包括方法以及目标等各个方面的科学性,而且就精神科学与自然科学的对比来看,主体以及生活等之所以能成为精神科学的特殊对象,正是因为它们所具有的"个体"的是其所是。因此或许有一种理解途径,那就是本质作为一事物为其自身的原因并不能在普遍规律中得到完整的显现,只有在普遍规律的基础上回复到个体,才能实现对本质的把握。甚至在这一点上,社会科学具有比自然科学更优越的科学地位。也就是说,对个体性本质的探讨有助于深入认识社会科学的科学性问题,因此它构成了现象学社会科学哲学的关键问题之一。

第一节 从本质到规律的历史发展

我们日常认识的本质与哲学研究中的本质并不是完全一致的,但二者有一个共同的基础,那就是认识本身总是试图摆脱现象而寻找背后的依据。这种人类所特有的超越特性体现在本质概念的历史中,正是日常的本质认识与哲学研究的本

第五章 现象学使社会科学个体性本质显现

质概念互相推进的过程。把握这个过程也是准确把握本质含义的基本前提。

一、本质的日常认识

"本质"一词在当下的日常语境中,基本上被视为一事物所固有的根本属性,在与现象一词的对比中凸显其意义。现象则泛指事物所表达出的,可被我们感知的一切,因此,现象首先被认为是表面的,是对事物本质的体现。比如,我们说一个人如何地乐善好施或恶名远扬时,所有能体现这些东西出来的要素都被视为现象。同时,现象也是偶然的、变动不居的,我们看到商品的价格特别如一些蔬菜等日常用品的价格每天都有变动,这是一种经济现象;生活中,跌倒的老人或扶或不扶,就其个案而言,也不过是一种社会现象。然而,对于价格的涨跌我们认为它表现的是背后所隐藏的商品价值,而跌倒的老人扶不扶也关系到一个社会本身的文明程度。也就是说,我们所看到的现象背后总隐藏或关涉某些更为根本的东西。反过来,只有把握到这些更为根本的东西,我们才能认清事物的本来面貌。显然,与表面的、变动不居的相对立的那些存在于事物内部的,必然的性质即本质。

我们总是会讲到要透过现象看本质,就是因为我们认为现象相对于本质而言不能成为认识事物的标准。作为表面的、偶然的、变动的现象固然可能是对事物本质的如实反映,但也有可能是对本质的虚假反映。于是,对本质的认识就不能停留于现象之中,认识的任务也因而就在于把握本质。显然,在日常生活中,这种透过现象把握本质,以本质把握加深现象认识的观念是随处可见的。自古相传的众多农谚如"日落西北满天红,不是雨来就是风""乌云接日头,半夜雨稠稠""要知五谷,先看五木""梨花白,种大豆"等,就是人们通过对自然现象的经验把握所总结出的本质性认识。不仅自然界如此,社会也同样,比如"善恶到头终有报,远走高飞也难逃"就说明人们的一种因果报应观念,也有"好女不如好女婿,好儿不如好儿媳"这样的对人际关系的一般性认识等。

仔细探究我们日常生活中对本质的认识,不难发现,一方面我们对于本质的认识来自经验的提炼总结,因为在纷繁复杂的现象中,人们需要从个别性中跳出来,通过一般性认识的把握才能指导人们的生活生产实践。另外一方面我们也看到,尽管我们此处先描述了关于本质的日常认识,但这些认识中却渗透着对本质的理性思考的历史。

· 115 ·

自我与理性——现象学的社会科学哲学研究

二、本质概念的历史演进

本质概念从词源上看,最早用来表达"一物之是其所是"的意义。但在亚里士多德那里,关于本质的认识实际提出了两种不同的方向:一方面主张本质是一种普遍的认识,另一方面就是强调"是其所是"。"在传统上,本质被认为是为一类事物所共有的共同性质,故本质的功能是认同属的成员资格,或把个别放入一个属中。可亚里士多德在许多地方都主张,本质和形式作为第一本体是特殊的。于是这便引起了关于如何理解本质的本体论地位的许多争论。一般而言,本质是这样一种属性,没有它,一物便不可能是它原来所是的样子。作为本质属性,它区分于偶然属性。"①从此段话不难发现,之所以会有关于本质认识的不同认识或者甚至是相反的认识,与亚里士多德有着密切的关系。为了把握本质概念的历史演变我们需要以时间为序,梳理一下关于本质的概念简史。

最初,人们对自然万物的思考体现在各种神话体系中,因此出现人与自然具有某种对应关系或者说万物有灵以及神人同形同性等认识。人类在解释世界方式上的重大转变,始于米利都学派的泰勒斯。以他为标志,人们把看世界的目光从神拉回到了自然。泰勒斯追寻到底是什么构成了世界万物,最终认为水是世界的本原,也就是说他开始以某种经验的物质作为万物之源来解释世界,实际上就是将该物当作事物的本质。因此可以说,从泰勒斯起,人类的思维能力才开始实现了一次大的跃进,开始在一个普遍的、抽象的层面来认识事物。正是在这个意义上,黑格尔将其视为哲学的开始。黑格尔指出,"因为借着这个命题,才意识到'一'是本质、真实、唯一自在自为的存在体。在这里发生了一种对我们感官知觉的离弃,——一种从这种直接存在的退却……因此确定了只有一个'普遍',亦即普遍的自在自为的存在体——这是单纯的没有幻想的直观,亦即洞见到只有'一'的那种思想"②。

如果说泰勒斯还只是从时间的角度追问构成世界的质料因素,那么毕达哥拉斯学派则与之形成了较明显的对比。它们提出一个抽象的数作为万物本原,实则意味着直接越过现象追问构成物的根据即本质,因此恩格斯说"把数,即量的规定

---

① 尼古拉斯·布宁,余纪元:《西方哲学英汉对照词典》,人民出版社2001年版,第321-322页。
② 黑格尔:《哲学史讲演录》(第一卷),贺麟、王太庆译,商务印书馆1959年版,第186-187页。

性,理解为事物的本质"①。差不多与毕达哥拉斯同时,克赛诺芬尼则提出"假定了一个唯一的始基,把整个存在看出是唯一的东西……这个唯一的宇宙就是神"②。"真正说来,从来没有,也绝不会有任何人认识神灵以及我所说的一切事物,因为即使有人偶然说出了极完备的真理,他自己也不会知道的"③。这就开创了不同于米利都学派的另一条路线,试图将世界本原归结于超验物。这里还隐含着另外一层对西方哲学具有极其重要影响的意思:事物本身和事物的表现是不同的。这个观点在巴门尼德那里得到了进一步发挥。在巴门尼德及其学生芝诺看来,类似水、火等事物变化不定,是一种不真实的存在或者说非存在。"存在者不是产生出来的,也不能消灭,因为它是完全的、不动的、无止境的。它既非过去存在,亦非将来存在,因为它整个在现在是一个连续的一。"④显然在他们看来,只有唯一不变的东西才是事物的本质

到了苏格拉底,本质概念开始真正具有某种程度的现代意义。因为,如果说苏格拉底之前的对本质的认识多少总与感性具有某种牵连的话,在苏格拉底这里,本质彻底被视为某种抽象的东西,开始具有一物之所是的基本意义,与"定义"相关联。而这一点被文德尔班高度评价,被认为是追寻科学知识的必然过程。苏格拉底对本质的一物之所是或者说决定一事物成为该事物的内在规定性的看法,直接影响了柏拉图,因为在柏拉图看来,苏格拉底的本质就是类事物的共同的东西即理念。而作为本质的理念是永恒不变的,是我们理性认识的对象,其相反的一面则是变动不居的或者说是不真实的现象。作为现象的具体事物无非是对理念的分有。

到了亚里士多德这里,本质概念得到了详细的描述。与柏拉图将理念与具体物彻底分离不同,亚里士多德认为,本质与具体事物是不可分割的。他首先从实体入手,指出"一个事物的本质是它由于自身而被说成所是的那个东西"。其次,亚里士多德还指出了本质与定义的关系,本质即定义的思想。他认为一事物的定义就在于说明该事物是什么,"揭示事物的本质的有时是表示实体,有时是表示性质,有时则表示其他的某一范畴……因为如若既断言了这些谓项的每一个自身,又指出

---

① 恩格斯:《自然辩证法》,人民出版社1984年版,第233页。
② 北京大学哲学系编译:《古希腊罗马哲学》,商务印书馆1961年版,第42页。
③ 北京大学哲学系编译:《古希腊罗马哲学》,商务印书馆1961年版,第47页。
④ 北京大学哲学系编译:《西方哲学原著选读》(上卷),商务印书馆1981年版,第32页。

了它所归之的属,那就是表明了本质;但是,当断言的东西归属于另一谓项时,那就没有表明本质,而是指的数量、性质或其他的某一范畴"①。亚里士多德还从质料和形式方面讨论了本质问题,认为形式即一类事物的普遍的共同的规定性亦即本质。而通过对柏拉图的批判,他还进一步阐明了现象和本质的关系,指出本质存在于个别之中,而且感觉所拥有的只能是个别的对象,只有理性才能把握一般的本质的东西。

中世纪的本质问题主要通过唯名论和唯实论的争论体现出来,并特别表现在关于共相的讨论中。唯名论者承认个别现象的存在,或者说只有人们感觉到的个别事物才是实在的东西,而关于一般的、普遍的概念并不具有实在性,只不过是语言和思维的表达,因此在唯名论看来,个别先于一般。而在唯实论者看来,只有一般的概念才是真实的存在,相反,具体的个别的东西是不具有实在性的。因此,共相可以脱离个别而存在。

本质概念到了康德那里,与自在之物联系在一起。康德写道:"作为我们的感官对象而存在于我们之外的物是已有的,只是这些物本身可能是什么样子,我们一点也不知道,我们只是知道他们的现象,也就是当它们作用于我们的感官时在我们之内所产生的表象。"②也就是说,关于自在之物,我们并不能了解什么,我们所能认识的不过是因自在之物而存在的现象,因此在这个意义上,本质与自在之物是类似的。同时我们也看到,康德实际上将本质与现象完全割裂开来,使得现象成为认识的对象。尽管自在之物不能被认识,但康德认为人有一种与生俱来的能力,即从个别现象中获得认识上的普遍性,因此,本质观念自康德以来,发生了一个重大的转变,关于事物的本质追问转变为对普遍必然知识的追问,显然隐含的另外一个问题就是普遍必然知识是不是事物或世界的实际面貌。换句话说,普遍必然知识的获得是"理智运用先天纯粹概念(范畴)去综合统一感性直观材料"而形成的。所以康德才宣称"人为自然立法""理智的(先天)法则不是理智从自然界得来的,而是理智给自然界规定的"③。黑格尔则坚决反对康德把现象和本质割裂开来,他认为康德只看到了现象的主观意义,试图在现象之外追到一个抽象的本质,一个我们无法

---

① 苗力田主编:《亚里士多德全集》(第一卷),中国人民大学出版社1990年版,第362页。
② 康德:《未来形而上学导论》,庞景仁译,商务印书馆1978年版,第50页。
③ 康德:《未来形而上学导论》,庞景仁译,商务印书馆1978年版,第93页。

第五章　现象学使社会科学个体性本质显现

达到的自在之物,结果必然导致我们无法认识世界。黑格尔不仅指出本质与现象的辩证统一,本质并不在现象之后或现象之外,它不是事物之间的客观联系,而是一种"自身同一"。

第二节　社会科学中的本质主义及困境

对本质的追问进入近代哲学时,被转化为对普遍必然知识的追问。这一变化加强了本质主义的认识路线。特别在社会科学领域内,本质主义的认识更是体现在对社会科学的对象、方法以及目的等多个方面。但随着后现代思想的激发,反本质主义提出了一系列诘难,对本质主义构成了严峻的挑战。

一、本质主义的社会科学观

人们对本质主义有很多不同的认识。比如,有的人认为"所谓本质主义,即是相信万物皆有不变的本质且这种本质可以被理性发现、描述。本质主义表现为绝对主义、基础主义和科学主义。绝对主义认为,物的本质是永恒不变的、唯一的和超时空限制的东西;基础主义认为,任何事物都有其基质,是这些基质构成事物存在的本质;科学主义则认为,人们可以用理性发现和表达事物内在的本质,从而发现那唯一永恒的真理"[①]。也有人认为,本质主义"这种主张认为,在一事物 X 所具有的那些属性中,我们能够区分出它的本质属性和它的偶然属性。根据这种观点,X 的某些性质构成它的本质……本质属性使得 X 成为它所是的那个个体,它所是的事物类型,或者它的类型的一个元素"[②]。我们在此处不再一一说明其他对本质主义的描述。总的来说,如果一种观点可以被称作为本质主义的观点,那么它应当具备如下几个基本点:首先坚持事物具有某种本质特性,正是这种本质决定了它可以被视为某一事物而不是其他事物。这一点在古希腊哲学特别是毕达哥拉斯学派那里表现得淋漓尽致。毕达哥拉斯学派的数本源说,认为数是万物本源,就是他们对事物的根据的问题的回答,因此也是对事物本质的追问和认识。其次主张人们

---

① 韩震:《本质范畴的构建及反思的现代性》,《哲学研究》,2008 年,第 12 期。
② 尼古拉斯·布宁,余纪元:《西方哲学英汉对照词典》,人民出版社 2001 年版,第 322 页。

可以认识事物的本质。比如弗兰西斯·培根认为,"熟悉形式的人就能够在极不相同的实体中抓住自然的统一性;因此也就能够发现从来没有发现过的东西,发现不管是自然的变化、实验上的努力以及偶然的原因本身都不能使它们实现的东西,发现人从来没有想到的东西。因此,由于形式的发现,我们就可以在思想上得到真理而在行动上得到自由"①。显然,在培根这里,形式就是本质,它是事物内在的规定性,认识事物也就是要认识事物的本质;最后认为人们对本质的把握就是对普遍性规律的把握,也就是说,把本质基本等同于普遍性,等同于规律。

这些本质主义的观点渗透到科学哲学中以后,也形成了一整套的被称为本质主义的科学观。本质主义科学观主要包括如下几个方面:第一,普遍主义,即科学追求普遍的知识,追求普遍真理。第二,科学的说明和预测是确定的,比如特别强调对数学语言的重视。第三,还原论的方法准则,认为认识事物就是认清构成事物的基本单元。第四,统一知识论,即科学体系的内在一致性。最典型的就是逻辑经验主义者纽拉特的观点。纽拉特讲道:"把所有陈述和科学看成是同等的,永远摒弃传统的科学等级系统,即由自然科学、生物科学、社会科学所组成的'科学金字塔论',这样不是更好吗?"②"如果科学家们试图找到'社会科学'与其他科学群体之间的分界线,我们则应当表示怀疑。"③第五,严格的主客二分,这里主要涉及的是客观性问题和价值的问题。结合我们对本质概念最原初的含义即对事物所是的追求,其实本质主义科学观或者可以在更宽广的范围内适用,这种科学观承认科学具有某种称其为自身的本质,多数情况下,它坚持社会科学是一种经验性的或者在更严格的意义上是实证性的,要求理论符合社会实际,因此总是试图获得更高程度的客观性;它认为社会科学就是要获得普遍性的知识或者说"在很大程度上,社会科学理论的目的,在于寻求社会科学生活的规律性"④。所以它也试图追寻一种确定性,笛卡尔就认为,"对于任何事物,如果不能获得相当于算术和几何那样的确信,就不要去考虑它"⑤。

---

① 北京大学哲学系编译:《十六—十八世纪西欧各国哲学》,商务印书馆1975年版,第47页。
② 纽拉特:《社会科学基础》,杨富斌译,华夏出版社2000年版,第11页。
③ 纽拉特:《社会科学基础》,杨富斌译,华夏出版社2000年版,第140页。
④ 艾尔·巴比:《社会研究方法》,邱泽奇译,华夏出版社2009年版,第13页。
⑤ 笛卡尔:《探求真理的指导原则》,管震湖译,商务印书馆1991年版,第7页。

第五章　现象学使社会科学个体性本质显现

前面我们提到过社会科学中的两个传统，即自然主义和诠释学，他们二者在对社会科学的总的看法上存在着很大的差距甚至说对立，但实际上，不论是自然主义的还是诠释学的都可以被视为是本质主义的。

通常来说，自然主义"更多地指的是一种关于研究对象的总的进路而不是具体的学说。在哲学中，只有通过最一般的本体论或认识论的原理，进而更多地通过它所反对而不是赞同的东西，才能对自然主义的特征进行刻画。在本体论上，自然主义意味着对超自然主义的反对……自然主义坚决主张，包括人类生活和社会在内的实体，就是那些存在于自然因果秩序中的东西……在认识论上，自然主义意味着对所有形式的先验知识的反对……"①。从上述论述中不难发现，尽管人们对自然主义难以形成统一的定义，但自然主义的本质规定性还是明确的，我们可以通过概括自然主义在本体论、认识论和方法论三个层面的观点把握自然主义规定性。大体上说，自然主义的主要理论旨趣就在于对自然的存在的充分肯定及方法的连续性上。因此，自然主义可以被概括为这样一种哲学信念，即它认为存在的都是自然的，不存在超自然的实体；我们只能通过经验来认识所要认识的对象，不论这一对象是自然的还是社会的；在方法论上自然主义主张自然科学方法与社会科学方法具有连续性。

我们来看看社会科学的诠释学的传统为什么也可以被看作是本质主义的。吉尔德·德兰逊曾总结了社会科学中诠释学传统的六个特征②：一是解释，由于社会现实的结构由客观化了的人类意义组成，以至于复杂到我们应该把握更深层的现实，因此强调解释而非解说和描述；二是反科学主义，即从自然科学中分离出来；三是价值中立，即不对研究主旨提出批判；四是人文主义，假定人类社会是统一的并具有意义的；五是语言建构论，强调语言在社会建构中的作用；六是主体间性，认为科学及其对象之间存在一种主体间性的关系。

将自然主义和诠释学传统的基本观点和本质主义相比较，不难发现，自然主义完全符合本质主义的特点。自然主义对自然的坚持、认识上的经验根基以及方法上的统一无不说明了其本质主义的一面。而对诠释学来说，由于强调对象、意义、

---

① W. H. 牛顿-史密斯：《科学哲学指南》，成素梅，殷杰译，上海科技教育出版社2006年版，第370页。
② 吉尔德·德兰逊：《社会科学》，张茂元译，吉林人民出版社2005年版，第36-37页。

建构等因素,好像和本质主义有点差异,其实不然。诠释学越是肯定社会科学对象相对于自然科学对象的特殊性如它的意义构成,反倒越证实了其本质主义的一面。因为对象的特殊性首先依赖的就是该对象区别与他物的本质因素,只此一条即可认为它同样也是本质主义的。此外,它还从方法上试图与自然科学分离,以及突出语言建构等,而所有这些在与自然主义的对比中形成的差异,都正好被用来说明本质的存在。事实上,以反本质主义为例来看,我们通过阅读后现代主义的著作而明白了后现代主义意味着什么,不也正好说明后现代主义具有某种本质吗?"在这个意义上,后现代主义者成功地让我们理解了他们学说中的反本质主义的本质"①。

二、反本质主义的诘难

实际上,从古希腊哲学开始,一直到黑格尔哲学那里,哲学家们都喜欢追问事物背后的本质是什么。我们当下日常的本质与现象的认识也正是古往今来众多哲学家对此问题思考的一些体现。进一步我们追问,为什么总要探询事物背后的本质呢?显然,动物是不会这样发问的,因此对本质的发问实际上也成为人和动物的一种根本性的区别。但当我们面对世间变化万千的现象,总是试图提出这些现象背后有没有什么本质的东西这样的问题时,其实还需要首先追问另外一个更基本的问题:本质是事物本身就具备的某种客观属性,还是说它只是我们认识事物时的经验赋予。也就是说,是不是我们人类自己给自己设置了认识障碍?"这是一个根本问题,这个问题本身对于我们的思维习惯来说,就具有一种挑战性。如果事物本身就具有客观本质,那么透过现象寻找本质的能力恰恰说明我们人类比一般动物更加高明;但是如果所谓本质只是我们在认识事物时的一种思维习惯,那么人类很可能就把本来简单的问题复杂化了。"②

但不论上述两种情况何者为真,显然在一定程度上,本质都是人类思维的某种结果。"在西方哲学史上,本质的观念最初出于对事物真正所是的追求……现今,我们已经清楚地看出,本质的观念与普遍性、必然性、根据、定义、规律、逻辑、理性、客观真理等观念粘连在一起,是西方哲学中渗透性极强的一个观念。或者也可以说,本质观念简直就是西方哲学的命脉,对本质观念的敲打势必波及其余的观念,

---

① 韩震:《**本质范畴的构建及反思的现代性**》,《哲学研究》,2008 年,第 12 期。
② 赵林:《**西方哲学讲演录**》,高等教育出版社 2009 年版,第 4 页。

第五章 现象学使社会科学个体性本质显现

乃至从根本上震撼哲学这门学问。"①当哲学家从变动的现象中提取出不变的本质时,现象与本质被割裂开来构成了一种本体论上的对立,进而导致了认识论上意见和真理的对立。

进入二十世纪以来,特别是二十世纪中叶以来,哲学中对本质观念的认识出现了很大的变化,可以说是反本质主义独占鳌头。《剑桥哲学词典》中的"essentialism"词条就写道:"到了50年代末的时候,真实本质的观念及其衍生的观念(即在一个对象的诸性质中有些对这个对象来说是本质性的)已经是哲学上的死胡同。这一点已经成为英语世界哲学家们的常识。"②

反本质主义者认为本质所依赖的事物本身很可能是我们人类自身的意义赋予,比如尼采就指出,"问'自在'之物是什么样子的,根本不问我感官的感受性和理智的能动性,因此我们应该这样来回答上述提问:我们怎么知道有这样的事物呢?'物性'乃是我们首先创造的""'自在的事实'是没有的,而始终必须首先植入一种意义,才能造成事实"③。其次,反本质主义者批判对本质的假定,即事物有没有本质,或者说本质是不是人们认识事物的一种假设。波普尔讲到,"我们应当作的是放弃终极知识源泉的观念,承认一切知识都是人的知识;承认知识同我们的错误、偏见、梦想和希望混在一起,我们所能做的一切就是探索真理,尽管它是不可企及的"④。

反本质主义对本质主义的批判集中在四个方面⑤,首先是对实体信仰的批判,在反本质主义者看来,作为本质主义基础的实体信仰是靠不住的。其次,是对本质信念或假定的批判。即事物有没有本质—现象的结构,本质是不是我们认识的假定和信念。再次,批判了符合论的语言观,即人类语言与实体世界是否具有同构关系,能否切中事物的本质。最后,则批判本质主义所引发的学术与政治的后果。类似的,相对于本质主义的科学观,人们提出了一种非本质主义的科学观,认为科学未必追求普遍性知识,承认科学知识尤其不确定性,消解统一知识论等⑥。

---

① 俞宣孟:《"本质"观念及其生存状态分析——中西哲学比较的考察》,《学术月刊》,2010年,第7期。
② *The Cambridge Dictionary of Philosophy*. Cambridge: Cambridge University Press,2011:282.
③ 尼采:《权力意志》,张念东,凌素心译,商务印书馆1991年版,第191页。
④ 波普尔:《猜想与反驳》,傅季重等译,上海译文出版社1986年版,第42页。
⑤ 石中英:《本质主义反本质主义与中国教育学研究》,《教育研究》2004年,第1期。
⑥ 卢风:《两种科学观:本质主义和非本质主义》,《哲学动态》,2008年,第10期。

不论是本质主义还是反本质主义,都面临着很大的困难。比如我们对本质主义的不同理解就直接影响着我们如何看待本质主义所面临的问题,实际上,这等于我们人为地制造了理解上的困难。以前述的本质主义科学观所具备的六点特征为例,显然这样的本质主义限定是较为严格的,是以自然科学为标准的,对于社会科学就不一定适合。以这样的标准作为本质主义科学观的标准,不仅不能使我们准确把握到社会科学的发展脉络,反倒会把我们直接导向自然主义的传统中,而将诠释学传统完全排斥,忽视诠释学传统在社会科学发展中所发挥的重大作用。另外,从哲学的本质观念与科学的关系出发,还存在着这样的困惑:"一方面,要不是古希腊哲学创立了本质的观念,很难设想人类能发展出今天那样的科学;而另一方面,科学本身的发展却并没有提供证实本质观念的证据,甚至就连科学赖为确定性工具的数学,也被哥德尔证明,任何数学体系并不包含对于其自身一致性的证明。"①而反本质主义尽管就本质主义的缺陷指出了一系列有益的观点,但由于本质主义与普遍性、规律以及理性的高度关涉,使得反本质主义很容易陷入反对现代性的一切的泥潭,特别是变成对理性本身的反抗。鉴于在本质追求中体现出的人的超越性,反本质主义也意味着对这种超越性的放弃,那么人之为人的基本特征,人区别于动物,人的"神性"也就被抛弃了。

第三节 现象学把握个体性本质的结构和程序

我们在前面谈论本质概念时已经注意到,自柏拉图开始,事物的本质就是指共相,这一思想实际上占据了其后西方哲学中关于本质认识的主流。不过到了亚里士多德那里,事物的本质到底是共相还是殊相却变得不是那么清晰了,留给后人无尽的争论。就普遍本质观念与科学而言,无疑,它为科学发展做出了重要贡献。现象学在梳理本质的概念史的基础上,结合社会科学研究对象的基本特点,却让我们注意到一种不同于共相的个体性本质。那么现象学是如何保证这种个体性本质

---

① 俞宣孟:《"本质"观念及其生存状态分析——中西哲学比较的考察》,《学术月刊》,2010 年,第 7 期。

的,这种个体性本质对社会科学意味着什么?这将是本节关注的重点。

一、现象学对本质概念的澄清

从胡塞尔《纯粹现象学通论》的结构我们就可以发现本质概念在其理论中的重要地位,因为他开篇就论述了"本质和本质认识",而且在导论中更是直接指出现象学"作为本质的科学(作为'艾多斯'科学)被确立"①。

胡塞尔写道:"由于有必要保持康德的极其重要的观念(Idee)概念与(形式的或实质的)本质(Wesens)的一般概念之间的明确区分,使我决定改变术语。因此我使用在术语系统中未被使用过的一个外来词'Eidos'(艾多斯)和德文词'Wesen'(本质),后者具有不甚严重但偶尔还会引起麻烦的歧义性。"②显然,在胡塞尔这里,本质一词与传统哲学的本质观念特别是康德的理解有密切关系。由于在康德那里,我们的认识不能超出现象,本质直接成为现象的一种,传统的本质反倒变成了不可认识的自在之物。为了与此区别开来,胡塞尔因此才提出了自己关于本质的理解。"最初,'本质'一词表示在一个体最独特的存在中呈现为其'什么'(Was)的东西,然而任何这种'什么'都可'纳入观念'之中,经验的或个别的直观可被转化为本质看(观念化作用)——这种可能性本身不应被理解作经验的,而应被理解作本质的。于是被看着就是相应的纯粹本质或艾多斯,无论它是最高范畴,还是最高范畴的直到包括完全具体物的特殊物。"③

总而言之,胡塞尔认为本质是必然存在的,而且本质的存在是普遍的,并且具有相对而言新的存在模式。"本质(艾多斯)是一种新客体。正如个别的或经验的直观的所予物是一种个别的对象,本质直观的所与物是一种纯粹本质"④,"每一偶然性按其意义已具有一种可被纯粹把握的本质,并因而具有一种艾多斯可被归入种种一般性等级的本质真理"⑤。因此,本质在与事实的对比中,在与作为个体的事实对比中,体现出它作为观念之物,作为同一性,作为一种对意向的充实而存在。而且本质也存在于个体物之内,偶然性同样具有其所是之本质。

---

① 胡塞尔:《纯粹现象学通论》,李幼蒸译,商务印书馆1992年版,第45页。
② 胡塞尔:《纯粹现象学通论》,李幼蒸译,商务印书馆1992年版,第47页。
③ 胡塞尔:《纯粹现象学通论》,李幼蒸译,商务印书馆1992年版,第51页。
④ 胡塞尔:《纯粹现象学通论》,李幼蒸译,商务印书馆1992年版,第52页。
⑤ 胡塞尔:《纯粹现象学通论》,李幼蒸译,商务印书馆1992年版,第50页。

尽管胡塞尔已经讲到了本质存在于个体物之内,但他却是为了以之说明本质的普遍性。因此通常会导致我们认为胡塞尔所持有的还是本质作为共相的认识。这样一来,社会科学的本质追求也只能如同自然科学一样,去追寻普遍必然的知识。这种观点应该说没有全面地把握胡塞尔的思想,因为胡塞尔在对精神科学的论述中,不仅讲到了自然科学对象和精神科学对象的差别,还说明了主体如何才能成为科学的主题等问题。而在论述过程中,胡塞尔为我们揭示出一种个体性与本质之间的关联。在胡塞尔看来,"自然科学关注实在和实在因果性关联体,精神科学关注自然的个人性存在和生存以及个人性生存关联域(自我生存,被动的和主动的)"①。显然,自然科学与精神科学的区别就在于自然科学完全脱离了"生活世界",实现了和主体的分离。但也正是因为这个原因,自然科学对象变成了一种形式的本质,而失去了现实性。胡塞尔认为,相反,作为精神科学对象的"每一主体都具有一现实的本质,它并非只是一相对物……而是某种自为自在物"②。主体以及主体的活动能够被把握就是因为我们可以如其所是地看待它们,甚至就其现实本质而言,精神科学距真正的科学性远比自然科学来得更近一些。因此我们认为,现象学对本质概念的澄清,让我们看到了本质作为个体的是其所是的一面,而这一点对我们重新理解社会科学具有重要意义。

个体性本质不仅涉及个体的生存问题,同时也与社会科学哲学中的个体论和整体论的争论密切相关。个体的存在总在时间意识之中,更具体地来看,个体在时间意识中构建自我认识,同时在有限的时间中感受自身的悲剧命运才获得关于人之为人的认识。而且在个体与社会之间也存在着一种辩证的运动,个体的认识外化为行动并成为社会的客观化一面,而社会反过来为个体的自我建构提供基础。彼得·伯格和托马斯·卢克曼就个体的社会化过程做过的社会学分析的合理性就在于抓住了个体的这种在时间意识中的构建以及与社会的互动本质。因此他们讲:"个体并非天生就是社会中的一员。他与生俱来就带有一种社会性/群居性的倾向,他会逐渐变成社会的一员。"③同样,个体论和整体论之争关键在于对于个体和社会谁是更为基本的问题。马丁·霍利斯在《社会科学哲学》一书中开篇就以穆

---

① 胡塞尔:《现象学的构成研究》,李幼蒸译,中国人民大学出版社2013年版,第333页。
② 胡塞尔:《现象学的构成研究》,李幼蒸译,中国人民大学出版社2013年版,第335页。
③ 彼得·伯格,托马斯·卢克曼:《现实的社会构建》,汪涌译,北京大学出版社2009年版,第106页。

勒和马克思为例详细论证了个体论和整体论之间不同的内涵。在他看来,"密尔认为人类一切性质都'衍生自并回归于个体本质法则',马克思则认为唯有透过'物质生活的矛盾'才能解释人类的意识"①。而如果以我们刚刚所讲的观点出发,显然不存在一个何者更根本的问题,但当然也存在一个在逻辑上以谁为起点的问题。这样一来,我们传统的争论更像是混淆了逻辑起点和实际状况才导致的。

现象学如胡塞尔所言,是一门关于本质的学问。尽管从历史的顺序来看,反本质主义深受现象学影响。但不论是现象学之前的传统本质主义的认识还是之后的反本质主义认识,在现象学的视域里,它们都可以说陷入了将本质对象化的误区,也就是说将本质作为一种对象来探讨。这样一来,实际意味着已经人为地增设了一种实体即脱离了事物的某种本质存在。显然这样的观点在现象学看来没有任何根基。胡塞尔就此提出我们所关注的并不是对象的本质,而是本质的对象。因此本质与事物不能分离,本质一定程度上是在认识事物的过程中体现出来的对该事物意向的充实。因此关于本质绝不意味着对世界的扩充。我们更多地是要通过认识过程来体现出对本质的把握。对于本质的把握,现象学提出了一个概念叫本质直观。对本质的把握需要回到本质直观中去,从我们对一事物的具体意向开始,展现如何直观到事物的本质。

二、本质直观

本质直观是现象学中的一个关键概念。与传统哲学特别如黑格尔强调反思中获得本质不同,现象学主张对现象的直观来获得本质。我们还是从"直观"这个概念入手来展开对现象学的新认识。

现象学的直观概念具有重要地位,而且本身就是现象学研究的重点课题。对直观的理解我们应该把握两点。第一,直观与我们日常思维中的直觉,或者说在理性思维之前的直观是不同的。它必然是一个理性思维之后的直观。第二,直观是认识的基本途径,它具有西方传统的思想来源。在现象学中,它是一切原则之原则,"每一种原初给予的直观都是认识的合法源泉,在直观中原初地(可以是在其机体的现实中)给予我们的东西,只应按如其被给予的那样,而且也只在它在此被给

---

① 马丁·霍利斯:《社会科学的哲学》,胡映群译,学富文化事业有限公司2007年版,第14页。

予的限度内被理解"①。

为了更好地理解本质直观,胡塞尔还区分了两种不同的直观,即本质直观和经验的或个别的直观(感性直观)。他写道:"经验直观,尤其是经验,是对一个别对象的意识,而且作为进行直观的意识,它'使此对象成为所予物',作为知觉,它使其成为原初所予物,成为原初地、在其'机体的'自性中把握此对象的意识。完全同样,本质直观是对某物,对某一对象的意识,这个某物是直观目光所朝向的,而且是在直观中'自身所与的'……本质直观的特性肯定是这样的,个别直观的主要部分,即个体的显现、被见,是以其为根据的,虽然这个个体肯定未被把握,也并未被设定具有任何现实性。因此可以肯定,如果没有朝向'相应的'个体之目光的,并形成例示性意识的自由可能性,就不可能有本质直观——正如反之,如果没有产生观念化作用并在其中使目光朝向个别所见物中被例示的相应本质,就不可能有个别直观一样。"②

我们引用这一大段文字是因为,它不仅说明了本质直观与经验直观的不同,而且还就二者的联系也做了说明,这对我们展开关于社会科学个体性本质的探讨是十分必要的。本质直观和经验直观的不同首先在于所把握或提供的对象是不同的。经验直观所把握的是个别的事物。本质直观是观念物。尽管二者之间的联系是明显的,但毕竟存在着根本的不同,如果我们满足于个别物,那么唯一的结局就是人类还达不到"理性的动物"这个层次。就二者的联系而言,重要意义在于它是我们认识可能性的保证,因为我们认识一个事物,都是从一个具体的经验的直观开始,然后才能上升到本质直观,反过来也是如此,没有本质的认识,我们的经验直观只能是一种凌乱的碎片。因此,二者的联系所解决的就是胡塞尔提出的一个问题,"我们如何做到:超出个体直观,不去意指显现的个别之物,而是意指其他的东西,意指那个在个体直观中得以个别化的、但却非实项地包含在它之中的普遍之物?"③

此处我们想通过现象学分析其中最普遍存在的三个形式结构来对本质直观的可能性做进一步的说明,试图说明为什么对于现象学可以通过本质直观的方式达

---

① 胡塞尔:《纯粹现象学通论》,李幼蒸译,商务印书馆1992年版,第84页。
② 胡塞尔:《纯粹现象学通论》,李幼蒸译,商务印书馆1992年版,第51—53页。
③ 胡塞尔:《逻辑研究》第二卷(第一部分),倪梁康译,上海译文出版社1998年版,第202页。

成对本质的认识,并明确社会科学为什么可以被称为科学,它的个体性本质与自然科学比较有什么特殊之处等问题。

（一）整体和部分

整体与部分是哲学史上一对重要的范畴,一般而言是用来"表示若干事物（或单个事物的若干成分）的总和同联系之间的关系的范畴"①。而到了胡塞尔的《逻辑研究》中,他花了很大的篇幅来说明这样一对范畴。在胡塞尔看来,这对范畴的研究不只涉及现象学分析的基本结构,意味着对事物认识的可能性,而且它还影响到如何取得意向性突破并如何走向纯粹的现象学。用胡塞尔的话来讲,"对独立的和不独立的内容之间区别的更深入论证会如此直接地导向一门关于主体和部分的纯粹（属于形式本体论的）学说"②。索科拉夫斯基则对之做了更进一步的细化,他认为,"整体可以被分析成两种不同的部分:实体性部分和要素。实体性部分是能够离开整体而持存并且被呈现的部分;它们能够与其整体相分离……要素是不能够离开它们所依属的整体而持存或者被呈现的部分;它们不能与其整体相分离"③。胡塞尔所讲的独立的和不独立的内容对应的也就是实体性部分和要素。既然实体性部分可以从整体中分离出来,那么我们对实体性部分做出具体的探讨就不足为奇了,问题在于要素如果不能从整体上分离出来,那我们如何就要素本身来认识呢? 对此,胡塞尔采用了另外一对词语即具体的和抽象的内容。在他看来,要素之所以能被谈论就是因为我们的语言使我们有能力去处理这些不能从整体上分离的要素,因此是以抽象的方式来对之进行思考的。

实体性部分和要素的区分对于我们认识事物是至关重要的。我们对事物的认识之所以会陷入某种困境而不能自拔,很有可能就是因为混淆了实体性部分和要素。比如我们在第一章讲的主体困境,其实就是将心灵误当作实体性部分而从中独立出来,由此造成了心灵与外部世界的对立,不得不回应外部世界的知识如何能在心灵中反映出来的问题。实际上,意向性概念就是将心灵回拨到其要素的身份中,使心灵回到世界的整体中去与对象关联。

我们对社会科学的认识也是如此。比如我们在很长一段时间内,都将注意力

----

① 李武林等编:《欧洲哲学范畴简史》,山东人民出版社1985年版,第47页。
② 胡塞尔:《逻辑研究》第二卷（第一部分）,倪梁康译,上海译文出版社1998年版,第240页。
③ 罗伯特·索科拉夫斯基:《现象学导论》,高秉江、张建华译,武汉大学出版社2009年版,第3页。

集中在社会科学的"科学性"问题上,主要回应两个问题:"我们能够获得关于社会世界的科学知识吗?倘若能够获得,这种'科学知识'意味着什么?"①之所以这样提问是由于在社会科学中长期以来自然主义和诠释学两种传统的对立,以及与自然科学高速发展作对比。而这种背景是社会科学发展的现实背景,社会科学的发展就是在两个传统的对抗中进行的。回顾历史,我们看到,社会科学可以被独立出来是因为人们看到了社会现象与自然的某些不同,从而认为对社会的研究需要一些特殊的方法,而不能照搬自然科学方法。于是,关于社会和自然的不同性质构成了社会科学最早的奠基石。我们完全可以把自然和社会放入世界这一整体背景中来做出某种分析。社会相对于世界整体而言,不应该是一个可以独立出来的实体性部分。因为我们无法想象一个脱离世界背景的社会的存在是什么样子的。反过来如果社会可以被视作实体性部分,那么是不是可以设想一个没有过去,没有未来的,只在此时此地的社会?甚至因为时空本身也是世界背景的一部分而不存在一个此时此地的社会?显然我们无法想象这样的社会存在。因此我们把社会当作一种要素、一种抽象物来看待或许是合适的。自然也同样如此。但是我们也看到,相对于人而言,不论是社会还是自然又成为一个更高层次的实体性部分,即使在世界背景中,社会与自然的对比下,二者也各为实体性部分。社会科学中关于自然主义和诠释学传统的对立,以及追问自然科学方法到底能不能适应于社会科学研究这样的问题,就是因为长期以来都没有对这个关系做出区分:作为同一个世界背景下的自然和社会除了相对于统一整体的不可独立之外还存在着另外一层可以独立的关系。因此人们才拘泥于这样的对立中,总试图发现某种可以被看作是适应于特定对象的研究方法,认为只有这样的方法才能真正发现该对象的本质。那么这就意味着问题转化为,我们是不是可以在一定的限制中正确地把握它的相对的作为实体性部分还是要素的状态。换句话说,社会科学和自然科学并不存在一个所谓的可以作为共同的或不同的基本预设。如果说需要一个基本预设,这个预设只能是先验自我。

---

① 斯蒂芬·P. 特纳,保罗·A. 罗思主编:《社会科学哲学》,杨富斌译,中国人民大学出版社 2009 年版,第 1 页。

第五章 现象学使社会科学个体性本质显现

（二）多样与同一

考察任何一个事物，该事物总可以有无穷尽的显像呈现出来。我们能够把握该事物是因为在这些多样性背后有同一性的存在。同一性是超出显像的但又必然是通过显像来呈现的东西。回到我们对社会科学的认识上来，社会科学呈现给我们的是什么？

按照亨普尔的说法，"科学探索的各种不同分支可以划分为两大类：经验科学和非经验科学……经验科学进而又经常划分为自然科学和社会科学……而社会科学则有社会学、政治科学、人类学、经济学、史料编纂学以及其他相关学科"①。亨普尔的观点是今日我们对于社会科学的主流认识，它包含有两层含义。第一，社会科学的对象与自然科学是不同的，社会科学对象是与人的活动相关的。如密尔所言："天文学中的数据与规律本身一样是确定的。相反，影响社会的状况和进步的环境是数不清的，还经历不断的改变；而且，尽管他们都根据原因改变，因此服从规律，但原因的数目如此之多，超出了我们有限的计算能力。"②社会科学的对象总是表现出与自然科学对象不同的东西，这些东西影响着我们对社会科学本质的认识。第二，关于社会的科学研究是经验的。因此社会科学如同自然科学一样，需要被经验证实并且一定程度上需要对社会现象的规律做出说明并能够解释或预测某些东西。然而，我们也看到，如马丁·霍利斯以及彼得·温奇等主张在自然主义和诠释学之间取得调和的哲学家所认识的那样，他们提出了不同于密尔和亨普尔等人的观点。比如马丁·霍利斯就认为，"因为从内在建构的社会世界与自然世界截然不同。社会科学的研究必定奠基在个体之间的互为主体性之上，自然科学家则永远企求独立于个体的客观知识"③。同样，彼得·温奇则言，"对社会的理解与对自然界的理解之所以在逻辑上是不同的……我们用来理解自己的精神活动和行为的那些概念，是必须被学得的，而且必须是在社会中建立的"④。他们都突出了社会世界与自然的不同之处。从社会科学所呈现给我们的角度来看，他们之间的对立就

---

① 亨普尔：《自然科学的哲学》，张华夏译，中国人民大学出版社2006年版，第2页。
② 约翰·斯图尔特·密尔：《精神科学的逻辑》，李涤非译，浙江大学出版社2009年版，第54页。
③ 马丁·霍利斯：《社会科学的哲学》，胡映群译，学富文化事业有限公司2007年版，第365页。
④ 彼得·温奇：《社会科学的观念及其与哲学的关系》，张庆熊等译，上海人民出版社2004年版，第130页。

是我们所看到的社会科学的多样性,而我们之所以能从这些对立中可以用一个"社会科学"来做出总体的描述,就是因为在这些对立中,一种意义上的同一性能被我们直观到。相反,如果还沉迷在对立中,试图不停地追问社会世界与自然世界的什么不同来为社会科学的合法性找寻一个固定的基础,实际上就是错把要素当作了实体性部分。相应地,比如说社会科学的方法是不是有一个固定不变的专属于社会科学的?既然我们说所有呈现给我们的不论是自然主义还是诠释学传统下的社会科学都是一个同一性的多样性表现,那么显然也就不存在一个"解释和理解"的争论,甚至可以说,没有一种方法可以被称作为是社会科学的。

(三)在场与缺席

与前两对范畴相比,只有在场与缺席是从现象学开始才被重视和讨论的。"在场与缺席是充实意向和空虚意向的对象相关项。"[1]我们现在讨论社会科学,想到某一个相关的社会科学理论比如加勒特·哈丁的公地悲剧:任何时候只要许多人共同使用一种稀缺资源,便会发生资源和环境的退化。此时,我们对该理论的讨论意味着我们对它的一种意向关系,这一点是没有疑问的,但显然我们仅仅只是空虚的意向者,因为并没有这样的现实情境充实这一意向。此处我们再次引入直观概念,现象学中的直观就是指使某个事物对我们在场。在场与缺席还有另外一层含义即可以指向同一事物,此时实际上就是指在场与缺席之间的同一性。

需要强调的是我们对一个事物的把握如前所说是对其同一性的把握,但这种同一性必然是内在的含有在场和缺席的时候,这个对事物的把握才是可能的。社会科学理论发展中表现出的从原初的明见到较高的明见,期间实际包含着在场和缺席的转化。这里需要对在场与缺席做进一步的说明。在现象学之前的哲学里,基本上关注的是在场,只有到了现象学这里,缺席的问题才被真正提高到与在场的同等水平上来。"在场与缺席是充实意向和空虚意向的对象相关项。"我们更容易把握在场,因为它指向在意向者眼前的事物的意向,然而,正如我们在做经济学的实证研究时,比方说要了解一段时间内供需关系的函数,那么我们所了解的此阶段的相应数据则构成了一个在场。问题在于,仅就这些在场的对象而言,我们并不能得出什么结论,反倒是供需关系理论这样的背景或者说我们对此的空虚意向才使

---

[1] 罗伯特·索科拉夫斯基:《现象学导论》,高秉江,张建华译,武汉大学出版社2009年版,第33页。

我们有可能对在场做出合适的关联与判断。此外,在场与缺席还同时指向同一个对象。比如社会科学中有一个重要概念即行动,那么我们对行动的理解显然不可能仅仅是对在场行动的理解,它应当还包括对行动的空虚意向即缺席的行动。理解行动概念只有同时将在场与缺席统一起来才是可能的。由此可见,现象学中,在场和缺席的统一相对于传统哲学对单一在场的关注而言,具有很重要的作用,通过对缺席的关注,我们可以加强对构成社会科学基本概念的思想基础的理解,进而对人的存在根本以及超越性的意义凸显出重要性,使科学返回到人的生存中。

三、达到个体性本质的步骤

社会科学的个体性本质是相对于共相或者说抽象的一般本质而言的,它指的是具体的一物是之所是的根据。对于社会科学的把握,我们不只是在经验上如其所展现的那般来把握,更重要的是现象学可以提供一种使我们对社会科学本质性的洞见。举例来说,我们不只是能看到如经济学、社会学等多种学科的分化,以及具体学科内部对一个问题的或实证或理论的考察,而且我们还能看到所有这些学科之间存在着某种同一性,能够看到对于同一个问题的不同表现之间的同一性,因此它们才构成了我们称之为社会科学的本质性特征。同样,我们还能够看到具体到一个问题时,所体现出来的独特的个体性特征,也就是相对于个体性而言的如其所是。总之本质对于我们而言可以是明见的。

现象学对本质的把握就是通过本质直观来进行的,我们还可以用现象学的方式来具体考察我们如何可以直观到本质。胡塞尔曾对直观做了多次细致的分类和解释,他在《现象学的心理学》中曾写道:"正如一个个体的个别之物在感性感知中直接地并且作为它本身被我们所拥有一样,在此为完全相似,随意多的个别事例的共同之物和普遍之物也是直接地并且作为它本身被我们所拥有,但却是在一种显然更加复杂的直观中被我们所拥有……"① 具体而言,我们根据索科拉夫斯基的论述可以将这个复杂的过程分为几个层次来说明。

在第一层上,因为我们对事物的一种自然态度下的认识或者说经验而直观到所呈现出来的相关性。如我们在日常生活中,经验到一个人 A 总是试图在自身行动中获得最大的经济利益,B 类似地也是想方设法得到某种利益,C 或许没有那么明确地

---

① 胡塞尔:《现象学的心理学》,参见倪梁康:《胡塞尔选集》(上),上海三联书店1997年版,第493页。

表现,但也至少表现为不愿意承担损失等。那么就三个人的总体而言,我们除了对个体的经验之外,还发现我们可以就这三者获得一种相对的同一,即他们对利益本身有某些喜好,但我们对此的认识还是模糊的,完全是一种自然态度下的懵懂的直觉。

到了第二个层次,我们有意识地去试图把握三者之间的一种共性的东西,发现A、B、C三人的行动具有目标的同一样,即行动以利益最大化为目标。当我们用这句话表示出三者的同一性时,与第一层次我们对三者的模糊认识相比,显然已经具备了一种"经验的共相",但是要强调的是这里所谓经验的共相,是因为我们以经验的方式表达出对某类事物同一性的认识,表达出一种经验的普遍性,但正因为它是经验的,所以也就意味着,完全可以被经验来证伪。而这种经验的共相已经为科学研究提供了一些基本的假设。

而在第三个层次上,我们试图超出经验的共相而达到本质的共相。现象学用了另外一个词即想象的变更来解释这一过程的实现,通过想象的变更,我们排除所有不符合该本质的特征,而只保留那些对其本质而言是必要的特征。比如利益最大化的例子,重新来考虑,显然人们的行动目的除了利益之外还有很多其他东西。因此这种经济人的假设对于人的某种本质的把握而言是不够的,故而,经由这样一种哲学层面的再思考,人们又进一步提出了复杂人、社会人等假设来作为具体的社会科学的假设。在第四节我们将借用胡塞尔对因果性问题的分析来进一步说明这种本质直观在现象学中是如何达到的。

一般而言,把握到本质的共相,就意味着我们已经把握到那个普遍的东西,在自然科学中就是指所谓的自然规律,至此也就通常地被认为是达到了对事物本质的认识。文德尔班曾说:"如果有知识存在,就只能在所有特殊观念都互相一致的地方找到。这种感觉在客观物质中使观念的主观一致性成为可能的客观普遍性便是概念,而科学(科学知识)便是概念的思维——抽象思维。知识因具有的普遍有效性只有在下述情况下才有可能:科学的概念鲜明地突出了包含在所有个别直觉和个别意见中的共同因素。因此所有科学工作的任务是规定概念的本质,即下定义。科研的目的是确定每一事物的本质,也只有这样才能得到与变化不定的意见相反的、具有永恒性质的观念。"①

---

① 文德尔班:《哲学史教程》(上卷),罗达仁译,商务印书馆1987年版,第132—133页。

第五章 现象学使社会科学个体性本质显现

然而，如我们前面所论述的社会科学的多样性那样，社会科学或承认规律、规则等，或者对此予以否认，只是说可以提供可理解的模式。这样一来，一个普遍性的本质显然不足以说明社会科学的多样性，更不能真正解决主体及其生活如何成为社会科学的研究课题的问题。

因此，对本质的直观还需要再进一步，在第四个层次上，意味着从本质的共相再次返回到个体性上。如胡塞尔所言，对个体的把握依赖于本质直观，可以说本质直观所把握到的事物的同一性或者说普遍性固然是一个极其重要的认识环节，但如亚里士多德所言的本质第二个意义那般，一物之所是难道可以由普遍性来决定吗？在这个意义上，胡塞尔实际上和黑格尔走了同一条道路。黑格尔认为，知觉中把握的与个别性对立的普遍性的东西还不是真正的本质，因此在达到共相之后，他认为还需要一个阶段即共相和殊相的统一。胡塞尔与此类似，但他是从个别的经验直观和本质直观的关系中展开论述的。因此他讲道，"被设定为现实的事态，就其是一种个别的现实事态而言，就是一种事实；然而就其是一种本质一般性的个别化而言，就是一种本质的必然性"①。我们以囚徒悖论为例，基于一种谋求最大利益的经济人假设，两个囚徒必然都会选择坦白这一策略，而结果却是两个人都没有达到最好的结局。就此描述而言，囚徒悖论是对某种范围下的人类行为的基本判断，是一种普遍性的认识，就其作为理论研究结论而言，显然它是一种本质的共相。问题在于，对此我们能获得什么，它固然提供了某一类情况的说明模式，但对我认识具体一个事件没有什么帮助，因为即使发生了同样条件的事件，我们依然没有办法保证那两个人会做出如上的反映。张世英先生曾就此问题举了一个例子，他说我们认识曲阜的孔庙，如果仅从其普遍本质"庙"来理解即孔庙是庙，我们能从其认识到孔庙成其为自身的本质吗？显然不能，只有当把孔庙的普遍性收缩到它是中华传统文化之结晶或是儒家文化之结晶，才比较接近于孔庙的本质。所以对于社会科学而言，因其所面对的研究对象的特殊性，对此的把握就不能停留在本质的共相或者说普遍的本质上，而需要在本质的共相基础之上，再次返回到个体性上，在其个体性中才能真正把握到该物是之所是的本质。

---

① 胡塞尔：《纯粹现象学通论》，李幼蒸译，商务印书馆1992年版，第56－57页。

第四节　作为本质对象的因果性问题

因果性问题既是西方哲学长期关注的主要问题,也是一个使科学成为科学的前提问题、基础问题。对自然科学如此,对社会科学也如此。二十世纪初,胡塞尔对因果性问题的描述展现了现象学视域下的独特认识。下面,我们就以胡塞尔对因果性问题的描述充分展示现象学分析下对本质的直观把握,以及它所揭示出来的现代科学的基础所在。

一、使因果性重返意识领域

在胡塞尔的著作中,很少有直接谈论因果性问题的内容,它更多地是作为一种例证体现自胡塞尔对休谟怀疑论的批判中。然而这样一来,我们首先就应当回应一个问题:这一现象是不是意味着,在胡塞尔看来因果性问题并没有特殊的价值?显然不是如此,这里至少有三个原因说明其重要意义。

首先,胡塞尔对因果性问题的重视来自对科学精神的坚持。胡塞尔对因果性问题的看重与康德是类似的,他们都将因果性问题视为理性的普遍有效性问题。当休谟将因果性问题归结为经验解释后,即"这种知识所以生起,完全是因为我们根据经验,看到某些特殊的物象是恒常地互相连合在一块的"①,这一问题直接引发了康德对传统哲学的反思。正是在休谟所提出的问题中,康德看到了一条不同传统思辨哲学的路径。他指出:"休谟主要是从形而上学的一个单一的然而是很重要的概念,即因果连结概念(以及由之而来的力、作用等等派生概念)出发的。他向理性提出质问,因为理性自以为这个概念是从它内部产生的。他要理性回答他:理性有什么权力把事物想成是如果一个什么事物定立了,另外一个什么事物也必然随之而定立。"②康德认为传统哲学特别是休谟试图使理智符合经验从根本上就是走不通的。因此他反其道而行,试图"人为自然立法",并将这一变化自认为是一场"哥白尼革命","我已经充分地指出来过,这些概念以及由之而生的原则都是先天

---

① 休谟:《人类理解研究》,关文运译,商务印书馆1995年版,第28页。
② 康德:《未来形而上学导论》,庞景仁译,商务印书馆1978年版,第6页。

的,即在一切经验之先建立起来的,它们具有无可置疑的客观准确性"①。实际上,休谟、康德和胡塞尔所关心的问题是一样的,只不过由于立场不同,而各自提出了不同的解决方案。而我们要把握因果性问题的本质,恰恰需要重视他们的一致所在,那就是普遍必然知识何以可能,而这正是西方文化的重要精神特质。因此,如果说"康德和休谟这些哲学家都看重因果性范畴的更深层次的原因,即将全部自然科学主要建立于因果性之上其实正是西方科学精神的根本特色"②,那么这个理由同样可以被用来评价因果性之于胡塞尔的重要性。

其次,胡塞尔对因果性问题的关注与他所处的年代有密切关系,或者说与他本人对其自身工作目的始终密切相关。胡塞尔认为,其时欧洲的社会、科学皆处于危机之中。所谓危机,最重要的一面就是指理性受到了普遍的怀疑和抛弃。因此胡塞尔的目的就是重建理性的有效性,他的哲学某种程度上也正是开始于此种对危机的态度。胡塞尔对于因果性的认识是认可其必将引到"普遍经验判断的根据问题"。因为在胡塞尔看来,通过已有经验,特别是以从过去推论到将来的因果性推论方式的经验来建立关于未来的认识具有十分重要的意义。因此他追问我们有什么理由认为存在因果必然性,并进一步认为,由于必然性与规律的等值,问题转变为普遍经验判断的根据问题。这样一来,因果性问题因其所涉及的"普遍经验判断的根据问题"而事实上在某种程度上成为理性的代名词。因此胡塞尔实际上抓住了因果性问题的最核心部分而展开了讨论。

最后一个原因在于胡塞尔认为休谟怀疑论开启了现象学的首次尝试。胡塞尔对因果性问题的关注源自他对休谟怀疑论的考察。胡塞尔给了休谟极其深刻的评价,他讲道:"休谟在哲学史上的无与伦比的重要性首先在于,他在贝克莱的理论和批判中看出了一种新型的心理学的出现,并且将这种新型的心理学认作是一切可能的一般科学之基础科学;其次在于,他试图运用由贝克莱完成的,部分也是由洛克以不纯正的形式完成的工作,系统地阐明这种科学,而且是以一种具有鲜明一贯性的内在自然主义风格进行这种阐明。"③显然,这里胡塞尔关注的是休谟试图以纯粹内在的心理学为基础为一切科学奠基的问题。这种态度与胡塞尔的认识存在

---

① 康德:《未来形而上学导论》,庞景仁译,商务印书馆1978年版,第80页。
② 邓晓芒:《康德论因果性问题》,《浙江学刊》,2003年版,第2期
③ 胡塞尔:《第一哲学》,王炳文译,商务印书馆2006年版,第210页。

相当大程度的一致性,胡塞尔曾讲到现象学,认为"它不是别的,而正是有关心理东西本身固有本质的科学"①。正因如此,在《逻辑研究》时期他的观点还曾被认为是一种内在心理学的。直到胡塞尔《欧洲科学的危机与超越论的现象学》时期,他仍然认为"事实上在心理学与超越论哲学之间,存在着一种不可分割的内在联系。但是从这里出发我们还可以预见到,一定有一条通过具体阐明的心理学而达到超越论哲学的道路"②。由于心理学和现象学对意识的共同关注的原因,心理学成为进入超越论现象学的通道之一。休谟对普遍经验判断可能性的追问尽管在胡塞尔看来存在着根本性的矛盾,因为休谟一方面将内在心理学的合理性当作前提,另一方面的结论却是,任何经验科学包括这种心理学绝不可能是合理的。但在胡塞尔看来,休谟所奠定的这种纯粹内在的心理学本质上决定了其哲学是一种直观主义的和内在的哲学,休谟本人没有从理论上把握到其中最具价值的部分,却毕竟是"唯一真正的直观主义哲学的,即现象学的预备形式"③。因此,休谟在内在心理学上的努力被胡塞尔视为"有关纯粹意识的被经验物之科学的第一次系统尝试""是有关纯粹现象学的第一个构想,但却是具有纯粹感觉论的和纯粹经验论的现象学之形态的纯粹现象学构想"④。

胡塞尔对自然主义因果性解答的批判开启了通往现象学的基本路径,揭示出自然态度下的认识局限性的根本所在并走向现象学态度。因为在胡塞尔看来,包括笛卡尔在内也是以因果关系为前提确立了自我我思这一大的前提,而通过对自我我思的批判,明确了一种现象学态度下的悬隔不会改变经验是世界之物的经验,正是在这个意义上,才能确立一门关于先验自我的科学以及现象学的意向性的基本根据。在一定程度上可以说正是在对休谟因果性问题的回应中,胡塞尔确认了理性的有效性。

众所周知,胡塞尔是一个十分注重方法的哲学家,在其一生中不断返回思考的原点,一次又一次推动新的思考足以说明这一点。具体到因果性问题中也同样如此。他认为休谟在因果性问题的论证中,在方法上就存在着荒谬。因此胡塞尔不

---

① 胡塞尔:《第一哲学》,王炳文译,商务印书馆2006年版,第174页。
② 胡塞尔:《欧洲科学的危机与超越论的现象学》,王炳文译,商务印书馆2008年版,第248页。
③ 胡塞尔:《第一哲学》,王炳文译,商务印书馆2006年版,第241页。
④ 胡塞尔:《欧洲科学的危机与超越论的现象学》,王炳文译,商务印书馆2008年版,第211-212页。

第五章 现象学使社会科学个体性本质显现

是抓住休谟的结论去直接重建因果性问题,胡塞尔首先考察的是休谟的论证方法。

当休谟看到洛克等人将一切存在及法则等还原为"感知和感知构成物"时,他试图从直接的心理给予物出发,用经验的方式从内在心理法则出发来解释因果性,可结果却是休谟把因果律变成了一种主观心理的习惯性联想而否定了它的客观必然性。"在我们称之为原因的事实和我们称之为结果的事实的内容中,并没有什么东西要求双方的那种必然的结合,那种一旦被取消就会不可想象的结合。否认一种因果关系,并且因此相应地,否认任何一个尚有一定可靠性的自然规律,这并不包含丝毫的荒谬性。"①因此胡塞尔讲到,这种内在心理学方法解释的结果就是"整个世界连同一切客观性的东西,不外就是假象构成物,由虚构构成的系统"②。在胡塞尔看来,休谟把因果性视为主观心理的习惯性联想,放弃了此问题的合理性辩护后,只能是从人们的心理出发去研究关于这些概念、判断的心理根源,或者从发生学上解释"我们一般说来如何能做到超出在知觉和回忆中被给予的东西而相信将来的东西"③。本来可以作为休谟论证起点的内在心理或者说纯粹意识反倒被当作一种绝对的不合理而提出,因果性如同其他客观科学的基本预设一样被朴素地奠定,使得本可以通往现象学的道路的纯粹意识作为"绝对的不合理场所"而成为认识的前提。

我们在前面已经提到休谟理论的矛盾性,这种矛盾清晰地反映了休谟在因果性问题上的循环论证,但胡塞尔并不认为休谟没有意识到这一点,相反,恰好是休谟意识到了问题所在,但又不能找到新的出路时,他才会将自己称为怀疑论者。问题在于,这样一来休谟就无法给出关于普遍经验判断可能性问题的合理解释,而走向了不可知论。因此胡塞尔说,休谟"他的问题是事实真理的合理性,而他的理论的最后论点则是,凡是理论在因果性推论中超出了作为印象和回忆的直接经验的地方,它就是绝对不合理的"④。具体而言,主要还是休谟接受了莱布尼茨和洛克关于纯粹理性的真理和事实的真理之间不可消除的差别的观点,并将这种区分当作关于观念关系的认识和关于事实的认识的区分。但休谟一方面认可观念关系的

---

① 胡塞尔:《经验与判断》,邓晓芒、张廷国译,生活·读书·新知三联书店 1999 年版,第 452 页。
② 胡塞尔:《第一哲学》,王炳文译,商务印书馆 2006 年版,第 215 页。
③ 胡塞尔:《经验与判断》,邓晓芒、张廷国译,生活·读书·新知三联书店 1999 年版,第 453 页。
④ 胡塞尔:《第一哲学》,王炳文译,商务印书馆 2006 年版,第 236 页。

合理性和属于观念关系的理性推论的合理性,另一方面将因果推论的合理还原成一种虚构,"变成了联想—习惯的盲目的信念强制和那种唯一真正的合理性的混淆"。所以,胡塞尔认为休谟没有弄清与心理学分析不同的纯粹现象学分析的本质,也没有弄清合理性辩护的本质。

这就意味着胡塞尔对因果问题要采取自己的现象学分析,有学者指出:"从超越论现象学的立场出发,胡塞尔要求放弃对实在及其因果关系的前设,将它作为自身之所是,意即作为一个意识现象来探讨,即分析'因果性'在意识之中的原初形成。纯粹意识作为绝对的存在不受相对的'因果'关系的制约,在这里起作用的是纯粹意识的意向关系,或者说,各种动机引发的现象之间的相对关系。"[①] 要求回到因果性本身中去,或者说回到得以形成因果性的纯粹意识中去,这就抓住了"真正绝对物即纯粹意识本身"。这里显示出胡塞尔坚持从自然态度走向现象学态度,由此因果关系本质才有可能被确认。"但是这些最初的根据和开端,全都存在于纯粹意识之中,在那里,一切可能的存在者,按照内容或意义,按照现实性和真理之存在价值,在本质附属的意识的形态中被主观地构成。"[②] 只有在对纯粹意识本身有着足够的反思前提下,才能认识到一切前超越论的科学仍存在着预先设定的根本缺陷,包括因果性在内的任何预先设定只能回到纯粹意识中去寻找根据。

二、因果关系的明证性

对因果性问题的现象学分析,当然需要得出一个正面的关于因果性问题的结论。因果性问题要成为现象学的课题本身也需要加以分析,这是由现象学的基本性质所决定的。显然,在现象学中,对象只是在对我而言的意识活动中作为显现的显现者才能得到其意义和有效性。能够成为现象学的问题,是因为它不是将一切可以被证实的对象简单地当作可研究问题,"而是将它们作为被包含在现实的和可能的意识之对于它在课题上的具体话之中的对象,作为意识的意向性成就,当成课题;这种成就的'情况'如何,这种成就以某种方式纯粹主观地实现,就是这种科学

---

① 倪梁康:《胡塞尔现象学概念通释》(增补版),商务印书馆 2016 年版,第 281 页。
② 胡塞尔:《第一哲学》,王炳文译,商务印书馆 2006 年版,第 227 页。

要研究的问题"①。这就是说,只有如同前述的纯粹意识,特别是在意识的意向性引导下,才有可能得到关于因果性问题的现象学分析。

在胡塞尔看来,休谟问题之所以成为一个难题,一个重要原因在于,"完全未看到真正的绝对物,即纯粹意识本身。因此没有注意到把物理自然,把进行逻辑规定的思维的这种意向相关物绝对化时所陷入的悖谬性"②。胡塞尔批判性考察了休谟因果性的悖谬所在,指出休谟关注的是事实真理,但实际上将"本质上属于被构成的意向世界关联体并只在该世界中有效"的因果关系当作物理现实世界的基本连接结构。

胡塞尔举例说,有时候我们把一个事态引起的赞同、反对如半人马或者纯想象的风景引起的美或者善这样的关系当作外在的因果关系,实际上这是将经验的必然性联系强加于意向关系,因为意向客体在这里只是意向客体,不可能是在我之外现实存在并且实在地、心理地规定着我的心理生活的东西。这种赞同或反对不属于作为物理原因的某一事态,而是在与此有关的行为意识中从属于作为显现着的事态。因此胡塞尔认为自然被错误地根据经验逻辑方式当作直接直观到的物世界,使在此状态下的自然实则是不可被真正把握的。

在肯定休谟将因果推论还原到观念联想的同时,胡塞尔指出因果性断言在经验中可以自在自为地被给予,而这一点是明证的。但明证本身如果只是简单地实现着,就仍然不能说明问题,因此胡塞尔进一步指出必须是现象学态度下的对自身有足够反思的明证才足以说明因果性问题。也由此只有在纯粹意识的领域中,在其作为意识的意向性成就时,因果关系才是有意义的。胡塞尔进一步阐释了休谟提到的掷骰子的例子。当我们投掷一粒四个面带有图案的骰子时,出现图案在上的一面的可能性大于空的一面。从这个例子中,胡塞尔说至少有两点是明证的:一是做出这一判断和另外一个随便说出的命题区别在于前者具有经验的根据;二是每一个能记起来的过去经验以及其数目的增加为我们的判断不断增加砝码。通过这两点明证性,我们就有可能实现进一步的明证性并因而确认因果性的客观有效性。

---

① 胡塞尔:《第一哲学》,王炳文译,商务印书馆 2006 年版,第 226 页。
② 胡塞尔:《纯粹现象学通论》,李幼蒸译,商务印书馆 1992 年版,第 143 页。

三、因果关系的客观有效性

如果我们以现象学方法面向被给予的东西,就能在观念化的抽象中直观到本质必然性,从而认识到因果性的客观有效性存在于"相应的普遍意识的理想可能性"中,进而理性在观念与观念的关系领地中存在才是可以理解的。

胡塞尔对因果性的有效性论证是从两个方面的对比展开的,即物理世界的因果性和现象学中的因果性的对比。在胡塞尔看来,物理世界的因果性既不同于生活世界的因果性更不同于现象学中的因果性。物理世界的因果性以生活世界为基础确立其意义和有效性,它实则是某种"理念化活动的成就"。显然还需要进一步追问它是如何确立这一问题的,这样一来,问题将追溯到对因果性问题的现象学分析中去了。

由于休谟曾经考虑过是不是可以用或然性原则来为因果性判断提供辩护,当然最终休谟以为或然性判断与因果判断一样来源于心理学原则而放弃了这种想法。但胡塞尔同样以或然性为例说明了这一点。

他还是从前面的掷骰子的例子出发,进一步阐释道:从前面的两个明证完全可以得出如下情况。即下面这个情况是明证的:"在 U 的情况下会出现一个 W,这一事实已经自在自为地给予了'一般说来在 U 的情况下会出现 W'这一断言以类似砝码的东西,并且这一砝码随着经验场合的数码而增长。"[①]这个断言也应当是一个有根据有分量的或然性陈述。因此他说,这里没有一点从心理学而来的东西,相反,直接朝向被给予的东西看,"朝由过去经验的砝码所做的普遍假定中获得的可体验到的性质看",并且在观念化的抽象中我们就可以直观到处于"本质必然性的或然性原则"。因果性与此并无不同。因此最终胡塞尔说:"一个经验性的断言,如果它正是通过这样一条原则而得以建立起来,也就是如果这条原则保证了它的证实的理想可能性,就是有理由的。"[②]

胡塞尔对因果性问题的现象学分析的可贵之处在于,他没有如康德那样去寻找因果性问题的先天根据,论述其如何可以适用于经验对象,反倒就是从经验中得到了其客观有效性。而且更重要的是,这样的研究所反映出来的严肃态度。一般

---

① 胡塞尔:《经验与判断》,邓晓芒,张廷国译,生活·读书·新知三联书店 1999 年版,第 455 页。
② 胡塞尔:《经验与判断》,邓晓芒,张廷国译,生活·读书·新知三联书店 1999 年版,第 456 页。

而言,解决因果性问题最容易的方法莫过于跳出休谟所规定的问题域,以全新的角度阐述这一现象,但这种解决方式并没有使原问题就此解决。

胡塞尔对因果性问题的现象学分析从对休谟的批判开始入手,从我们关于此现象的经验出发,说明了休谟因果性论证的荒谬所在,在批判休谟心理学的同时揭示出"从心理学出发进入现象学的超越论哲学之道路"的可能性,而在对比分析物理世界的因果性以及现象学中的因果性中,则指出了"从生活世界出发进行回溯而达到现象学的超越论哲学之道路"的可能性。因果性问题所涉及的这两条道路充分说明了胡塞尔对因果性的分析,即指出因果关系的客观有效性存在于一种普遍经验的理想可能性最终必然落脚到理性的有效性,说明他关注的始终是建构一门严格科学的哲学,其一生的努力不只在理论上,同样在实践方面也做出了卓越的贡献。

胡塞尔对因果性的明证性的描述,为自然科学奠定了基础,突出表现了必然性之于自然科学的重要意义。在胡塞尔这里必然性等同于规律性,当他肯定了因果关系的有效性时,实际也肯定了事实科学的有效性。因此胡塞尔在将因果性回溯到"纯粹经验"或者说生活世界中时指出,"但是此外(如果我们仍然保持在奠定原初存在意义的生活世界中)因果性也具有了一种原则上完全不同的意义,不论所谈到的是自然界的因果性,还是心灵东西与心灵东西之间的'因果性',还是身体东西与心灵东西之间的'因果性'。物体就是它所是的东西,作为这种被规定的物体,它是按其固有本质在空间—时间上被定位的诸'因果的'性质之基体。因此如果取消了因果性,那么物体就失去其作为物体的存在的意义,失去其作为物质个体性的可辨认性和可区分性"①。在批判贝克莱以及休谟等人对因果性问题的论证中,胡塞尔认为他们忽视了类似因果性这样的问题对于自然科学家而言的重要意义,并指出因果关系这样的基本预设不只在自然科学内,而且也同样是哲学领域首先需要加以考察的基础问题。因为失去因果关系连接的物也就失去了其自身存在的基础,至少从科学的角度,我们很难孤立地去分析并确认某一物理物。

因果性问题的解决,历来是众多学者关心的核心话题,纵观整个西方哲学史以及科学史的历程,特别是自休谟以来,大部分哲学家都对因果性问题有所讨论。但

---

① 胡塞尔:《欧洲科学的危机与超越论的现象学》,王炳文译,商务印书馆2008年版,第261-262页。

显然他们在解决因果性问题的方向上是有十分明显的差别的。就眼下对因果性的研究而言，分析哲学占有了优势地位，比如塞尔、戴维森，还有大卫·刘易斯等人的研究曾引起人们极大的关注，成为解决因果性问题的重要理论。然而，他们以语言分析的方法，不论是将因果性与意向性还是行为相联系，都不能体现因果性问题所反映出来的人类认识本身的困境。比如戴维森与胡塞尔一样认可源自布伦塔诺对心理、物理现象的意向性区分，但他将注意力放在了语言分析上，认为因果性问题是语言使用造成的解释困境，这样就让追寻普遍经验判断的努力失去了意义。而塞尔的意向关系因果理论作为对传统因果观的修正，不但没有解决固有的矛盾，反倒陷入了更多的难题中。但胡塞尔从经验出发，回返到纯粹意识中来描述因果性的有效性，为前科学的生活世界奠定了基础。它的意义一方面在于对因果性问题的解决或者说普遍经验知识确立根据，另一方面也在于为陷入危机的人类找寻坚实的意义基础。因此，胡塞尔对因果性问题的解决相对于其他哲学家而言，具有不可比拟的优势。除了对因果性本身的解决外，回到胡塞尔寻找某种现象学的因果性解决的意义，还更多地意味着对我们自身以及置身环境的忧思，在这种忧思中，显示出某种哲学追问的方法、动力以及态度等多重价值。

第六章 现象学对科学与人性的反思

就人类认识活动而言,它可以被划分为多个不同的层次,这些层次实则就是人类自我实现的筹划的不同阶段。从前面已经说明的现象学态度出发,重新返回到人类认识,可以帮助我们特别区分命题反思和哲学反思。在自然态度中,我们对经验到的事物做出判断,并开始命题反思,最后以经验来证实命题,清晰地说明了构成社会科学理论的基础条件。而作为现象学所关心的则是在命题反思之后的现象学反思即一种现象学态度的开始。这个层面的现象学态度将使我们关注到,现象学的价值概念向我们展现出理性生活如何成为自我的基本朝向对象和推动力,以及为何说从理性即人性出发,说明了社会科学之所以是自我认定的阶段的原因及意义,避免了陷入科学即真理的误区。在现象学中,真理概念不可避免具有多义性,但胡塞尔认为,通过对真理的具体说明后这种多义性并没有什么害处。真理可以分为正确性的真理(the truth of correctness)与显露的真理(the truth of disclosure)①,前者指一个可以被证实的断言或陈述的命题是否为真,后者则指一个事态的展现,与命题真假无关。正确性的真理以显露的真理为依凭。现象学对社会科学的分析更多是一种事态的展现。它与正确性真理不同,我们并不判断事态是否为真,而只是梳理它们的意向结构。现象学把真理置于历史之中,提出了自己独特深刻的认识。尽管一定程度上讲后现代主义也是由现象学所引发的,但现象学却比后现代主义更加完备,从哲学上看,现象学比后现代主义更为深刻。

第一节 命题反思构成社会科学理论基础

我们对社会科学的认识,随着现象学态度的不断推进而得到展开,但现象学态

---

① 参见罗伯特·索科拉夫斯基:《现象学导论》,高秉江、张建华译,武汉大学出版社 2009 年版,第 156 页。

度绝不意味着我们简单地朝向所有新的对象,相反,现象学态度特别强调不断回到原点,为我们认识增加力量。因此,我们再次回到常识中,重新理解现象学态度下,科学理论是如何从常识中生发出来的。显然,人类对事物的把握并不总是以科学的方式进行的。实际上,作为社会性的人,多数行动依赖于经验与常识。但不论是常识还是科学抑或哲学,对事物的把握总通过命题表现出来。当命题反思开始时,经验的证实就具有逻辑的必然了,因此社会科学理论的基础也就得到了显现。而现象学的反思则展现了社会科学不能脱离人的生存这一基本境况。

一、常识与命题反思

在日常生活中,我们的行动依赖于常识,而常识的认识方式的基本特点就在于直接指向对象,与主体无涉。但常识并不是说与命题无关,显然我们都知道,命题是人类思维的基本结构,常识也依赖于命题,命题直接与事态连接,二者具有一致性。但在常识中,实际上我们经常将命题与命题行为①(言语行为的一个类,命题行为意味着以言行事而不仅仅是以言表意,只有在命题行为中表现出的共同内容才是命题)相混淆。常识中的一个命题,以陈述句的形式表示出来,但其意义却是多元的,比如,可能包含有主体的态度、愿望等等。而这些态度愿望实际上并不属于命题本身。只有命题反思中,才会涉及。换句话说,如果能够区分命题和命题行为,也就意味着命题反思的开始。

简单地从字面意思来理解,既然可以在命题后面加上反思二字,就意味对命题本身、命题所体现的内容以及我们提出命题的方式的思考。因此在最基本的含义上命题反思加入了主体,主客体得到区分。也就是说,当我们讲出一个命题时,不仅仅将其视为一种事物的存在方式,而是将其视为一种命题的表达,因此会追问事态与命题所表达的意义是否一致。显然命题反思与常识的最大不同就在于我们是将命题看作一种表达还是事物的存在方式。举例来说,"政党的首要任务是夺取政权"这是一个命题,但如果我们将这一命题视为事态本身不假思索地接受,而没有注意到其作为对事态的表达的一面,就不会去追问这个命题是不是与实际相符,那就仍然还处于一种未加批判的常识认识中,甚至是一种错误的常识认识中。

那么我们为何以及如何才能从常识中摆脱出来,进入命题反思呢?至少有两

---

① 尼古拉斯·布宁,余纪元:《西方哲学英汉对照词典》,人民出版社2001年版,第526页。

个理由,首先命题反思是人类理性本质的表现,是人的自我实现的筹划。非人的动物无法将事态命题化(质疑事态)。简单来说,动物在自然界的生存是生存的本能,它只能在本能的驱使下觅食、繁衍。而人类与之不同,因为对于人类而言,在世界之中却与世界不尽重合,不能如动物般从自然界获取达成自身本质所需的全部资料。西班牙著名现象学家奥尔特加·加塞特认为,人活着总是"处身于某个世界之中"。所谓"处身于某个世界之中"首先肯定了世界与人同质的一面,人总是存在于世界之中;其次还指出了人不同于其他自然物的一面,即人能自我觉察到其与世界的不完全同一。奥尔特加说:"我们同时被便利和困难所包围这一基本现象可以被当作是人类独特的存在论特征……人的生存不是被动地存在于世,而是无休止地奋争以使自己适于生存其中……他被给予的是抽象的存在的可能性,而不是现实的存在。"①命题反思为经验的证实提供了自我的基本生存逻辑,为人们的活动提供了理论的说明。因此对人而言,实际上就是理性在一种可能性中不断朝向实现自身的努力。奥尔特加指出人的生存是"创造",科学则为人在世界中建立其"超世界的存在"提供了可能,随着人们实现自身存在而去计划、去行动,科学也就随之成为人对实现自身存在的筹划。因此可以说,命题反思是人类理性本质的表现。

命题反思也意味着人类有能力将自身视为真理的代言者。因为当人类有能力将表达与事态区分,认识到命题本身不过是某个人的某种认识时,必然要追问命题与事态的一致。一旦确认表达与事态是一致的,就会觉得自己代表了一种事态的真实把握。而且就真理而言,显然也需要通过表达来体现,通过表达反映出来的真理唯一可以用来评定的标准就是与事态的一致性。因此当人们确认自身不仅掌握了真理的表达和真理的判定标准时,自然也就会将自身视为真理的代言人。

二、命题反思的基本特征

就一个命题而言,我们可以从句法和内容两个方面做出进一步的解析。我们知道一个命题总是通过一些逻辑连接词将概念联系起来,那么这里的逻辑连接词所体现出的逻辑语法就是句法。相反,在命题中所表达出来的非连接词项或者说

---

① Ortegay Gasset. *Toward a philosophy of history*. New York: W. W. Norton & Company. Inc, 1941,p110-111。(中译本参见高源厚:《关于技术的思考》,参见吴国盛主编:《技术哲学经典读本》,上海交通大学出版社 2008 年版)

通过概念所表达的纯粹语义就是内容。相对于内容而言，句法在命题中发挥着连接内容的作用。实际上在现象学中，一个命题的内容和句法并不是可以独立存在的实体性部分，而是相互依存的两个要素。

之所以要做出如此区分，是为了使我们能够更加深入地把握一个命题是在何种意义上有效的，或者说命题反思的根基是如何奠定的。首先单纯从形式来看，任何概念可以通过任何逻辑连接词来实现形式上的组合，但这样的组合有可能是有意义的，也有可能仅仅是某些词项的混乱搭配因而没有任何实在的意义。比如，"《自我与理性》这本书是一台红色的可以用来吃饭的打印机"，就形式来看，完整地表达了"X 是 Y"的结构，但却没有任何实在意义表达出来，也就是说，概念与连接词的随意组合完全有可能无法实现逻辑上的意义，它与真假无关。因此还不是一个句法有效的命题。

一个命题要想成为一个真正的命题，在这种词项组合中它应该满足某种句法上的意义。至少它就某个问题说出了一点什么内容。但显然存在这样的一些陈述，比如"有的人活着他已经死了；有的人死了他还活着"，除去其文学意蕴之后，这样的语句单从句法而言，显然具有句法的有效性。可就其内容而言，我们绝对不会理解他说了什么，因为在活着与死了这对矛盾面前，人们没有一种可调和的中间状态。此时就命题而言，它虽然具有了形式的有效性条件，但还不是一个真正的命题，因为它没有就一个事态说出点什么。

所以，一个命题还需要第三层意义上的保证即内容的融贯性。也就是说一个命题在有效的句法基础之上，还需要具有内容上的有效意义。它应当就某个事态有清晰的表达。比如经济学中的边际效用，"边际效用是指消费者每增加一个单位所增加的满足程度"，它首先具备"X 是 Y"这样一种基本的有效句法结构，同时，他还实在地表达出一个内容即边际效用是单位物品与满足程度之间的一种关系。因此，当我们说边际效益递减时，就明白它是指随着单位物品的增多而满足程度不断下降这样的关系。

我们对事态的命题式描述，只有具备如上的句法和内容的条件时，它才是有意义的。在我们的日常表达中，句法和内容上的混乱比比皆是。与我们的日常表达相比，命题就是因为具有如此较为清晰的基础条件，所以它才能够保证就某种事态做出确定的陈述，而这正是科学发展所需要的。

三、命题反思对科学的奠基作用

现代科学的建立,有一个基本假设,那就是宇宙存在稳定的秩序,并特别由因果律所支配,因此,在相同的条件下总会产生相同的结果。于是,用鲁德纳的话说,"科学的任务不是仅仅收集一些没有联系的、偶然的、毫无条理的知识,而是要对宇宙做出'有条理的'说明,即连接那些包含已得到的知识的命题,使其共同适合与逻辑上的包容关系"①。那么科学理论自然也就被视为一套规则体系,表现为命题的系统联系,并且是可经验验证的。

命题反思的进入,使得原本作为事物存在方式的事态成为一种被呈现的事态,通过我们的表述事态成为一个命题,命题与事态的相符成为我们必须考虑的基本要素。命题性的反思的进入,使得一个事态从其背景中被孤立出来并单纯地作为呈现的东西,客观性也就随之而出现了。因此随着事态的命题化,一个事态从其背景中被分离孤立出来,一个可能的科学的研究对象才跃然纸上,因为科学研究的对象不可能是我们面对的世界全体,而必然是一个有限的东西。这里也实际意味着科学研究总存在着某种基本预设,预设对于科学而言如奠基石作用一般。以经济学的经济人假设为例,它就是从人的完整性中抽象出一个关键要素即人总是以为自己是理性的并且期望自己可以获得更多,如果不做这种背景的抽离,那么经济学如何去分析一个很具完整性的人的行为呢?或者说,它如何才能成为一个可以被科学分析的对象呢?

此外命题反思的进入,某种程度上就是科学思维的开始。科学思维的开始需要认识论上的主体和客体的区分,命题反思正好将主体从常识的思维方式中独立出来,所以才有我们前面一直所讲到的事态作为命题的说法。也因此,为了摆脱作为个人意见的事态呈现,为了达到一种共同理解,对客观性的要求就自然浮现出来了。

而且,就科学理论而言,命题反思一方面保证了命题的清晰意义,以及命题之间的句法关联;另一方面命题反思既然使命题作为一种单纯的被呈现,那么也就给了我们检验的能力,随之而来的还包括我们对自己作为真理的代言人的认定,这也正是科学理论的系统性、一致性,科学理论的检验以及对真理追求的基本可能性条

---

① 鲁德纳:《社会科学哲学》,曲跃厚,林金城译,生活·读书·新知三联书店1988年版,第21页。

件。因此可以说，没有命题反思的进入，也就没有科学；命题反思实际成为科学的奠基石。

四、哲学反思

就人类的认识而言，除了为科学奠基的命题反思，还存在着一个更高层次的反思即哲学反思，也可以说就是现象学反思。因此这里对哲学反思的理解脱离不开从自然态度到现象学态度的转变。从整个认识过程来看，我们对事态的看法最初只是简单的"看"，一个直接的意向活动。其次，通过概念等理性思维的基本要素将事态表达出来，使之成为我们对事态的经验或体验，此外还需要批判地考察事态向命题的转化即命题反思。至此，一个大概的自然态度下的认识过程初步完成。接下来我们才可能进入哲学反思的阶段，展开最彻底的认识批判行动。

因此，哲学反思需要以命题反思为前导，这不仅仅是一个认识的内在发展过程，也在人类认识能力的历史发展中不断被建构。以哲学思维本身为例，在古希腊哲学阶段，人们对事物的认识是简单而直接的，事物如其本身那样而存在，所追问的是逻辑上或者时空上的根据。到了近代哲学时期，人们的认识反倒不再直接面向事物，而转向了自身，核心问题自然就是我们为什么可以认识事物。当这样的问题提出时，难道不正意味着作为科学前提的一个客观世界的假设吗？这一阶段，哲学反思的根本特点才明确地显示出来，因为人类的思维开始了对思维本身的思维。

但正是因为此阶段哲学反思所体现出来的对思维本身的反思能力，使得对人类的认识能力有了一种自我的夸大，再加上科学飞速发展所带来的虚幻的认识改造世界的能力，哲学反思以及命题反思都有了某种直接取代理性地位的倾向，它们都视自身为理性化身，试图取代其他类型的理性形式。其结果却是极端地反本质、反基础甚或反理性的思维模式。

对此我们重新回到现象学的语境中来，现象学到底能给我们带来什么？不容置疑的是，尽管现象学在某种程度上是后现代主义的理论来源，但它们之间的鸿沟远较它们可能的联系要大得多。回过头来，面对现代性，我们可能会觉得现象学与之保留着紧密的联系。其实就其核心而言不尽然如此。现代性所代表的不能简单地称作为理性主义，理性在这里不是随着"朝向事物的真理而得到规整"，反倒是在确定性的客观的真理获得中得到完善，实际上这样的看法完全可以称作是理性至上主义。

第六章 现象学对科学与人性的反思

现象学展现给我们的一方面是承接自古代哲学中的对事物的明见,另一方面也直面现代性的多重困境,在面向未来时又表现出其高度的开放性。对于社会科学而言,现象学将其与人紧密联系起来,"它不仅反对现代科学的自我遗忘,也反对后现代性的自我否定"①,"现象学既不是反叛古代和中世纪,也不是拒斥现代性,而是以一种合乎我们的哲学境遇的方式,恢复真正的哲学生活"②。因此,现象学也正是哲学本身,就是一种不断地自我否定和批判的精神和态度,在其中,人们总是追求一种自我的超越性。

与命题反思相比,哲学反思表现出巨大的差异。首先命题反思的范围是有限的,只针对所表示出来的事态,也就是说关注的只是事态与命题是否一致的问题。而哲学反思,则将更为基本的信念比如世界存在的信念等包括在内。比如说,我们常常提到橄榄型社会结构是较为稳定的社会结构,如果我们处于命题反思阶段,那么所考虑的问题就是这样一种社会结构状况作为一种被主张的事态,有没有合适的经验现实去评价它。也就是说,它对于社会本身以及提问者等因素并不涉及,这些因素作为隐含的前提已经被认可。对应地,哲学反思除了关注命题反思所关注的要素之外,它还关注所有不被关注的背景,将那些与此相关联的缺席纳入其中。

哲学反思一般而言并不去证实事态,而是思考它们的意向结构。相对于命题反思受经验证实的高度影响,它更趋向于一种纯粹的、对思维自身的反思。而一切以意向性的方式向我们展现的事态在此并不如笛卡尔那般被怀疑,只是被中止判断而已,因此有利于人们不改变前哲学的意见等,以避免人为设置前提。在这个意义上,我们可以说命题反思是不彻底的。哲学反思的彻底性即体现在对世界信念的悬置上,也体现在能对命题反思本身做出反思。还是用上面的橄榄型社会结构理论来说,哲学反思的彻底性至少可以从两个方面体现出来:一是类似社会这样的基本构成是实在的吗? 也就说从根基处提出问题;二是就其如何转变为命题反思发出提问。显然这两点都是命题反思所无法提出来的。

命题反思是在自然态度下进行的,将对象转化为一种含义,即只是某种表达意义。而哲学反思虽然同样以自然态度开始,但它将对象转化为意向对象。"当我们

---

① 罗伯特·索科拉夫斯基:《现象学导论》,高秉江、张建华译,武汉大学出版社2009年版,第206页。
② 罗伯特·索科拉夫斯基:《现象学导论》,高秉江、张建华译,武汉大学出版社2009年版,第200页。

进入现象学反思的时候,世界以及世界中的一切事物都转变为意向对象,但是不可能把世界和世界中的一切都转变成意义或命题,转变成需要被证实的东西。"①这两种不同的转换结果具有完全不同的领域。意向对象的出现不只是作为意向对象,其背后包括的是一系列的现象学还原或者说从自然态度向现象学态度的转换。因此,哲学反思中的社会科学并不是就事论事地指向其作为关于人类社会的科学研究,而是由于社会科学作为意向对象,那么它必然需要关注对应的意向活动,这样一来,社会科学就不仅仅是一个我们所看到的集合名词,而更多的是人类理智的某种多方位多层次的活动本身,因此它也是人类实现自我的价值活动。

第二节 现象学的价值启示

实证主义在价值问题上坚持事实与价值的二分,主张社会科学是价值中立的,科学知识作为客观的普遍真理也由此得到确认。而反实证主义者则认为价值与事实是内在的关系,事实总是附带价值的事实,价值也总依赖于事实,不存在无价值的事实。总之,价值问题是关系到社会科学知识的客观性的重要问题。现象学中的价值概念在一定程度上意指引导自我朝向对象的东西,而如果理性生活就是自我朝向的对象,那么作为理性活动结果的科学理论就是人类自我认定的一个阶段。因此与实证主义及其反对者不同,社会科学的科学性主要并不是来自客观性,而是以社会科学作为人类自我认定的方式本身得到确立的。这实际也意味着现象学社会科学哲学通过对社会科学的追问而实现了对科学的重新理解。

一、现象学的价值概念

通常而言,"价值"一词指的是客体能够满足主体的某种需要,因而对于主体而言,如果某物具有价值,实际上是指该物对主体的有用性,是一种外在价值或者说工具价值。有时,价值也被表示为事物的内在特性。张岱年先生就曾言,"价值的更深层的含义不在于满足人们如何如何的需要,而在于具有内在的优异特性"②。

---

① 罗伯特·索科拉夫斯基:《现象学导论》,高秉江、张建华译,武汉大学出版社2009年版,第190页。
② 张岱年:《文化论》,河北教育出版社1996年版,第116页。

在社会科学哲学中,对价值的讨论与通常对价值的理解有所不同,更多地是指价值所代表的人类主体能动性和事实之间的关系。它关注的是社会科学研究中价值应不应该涉入其中。如果应该,该如何保证社会科学研究的客观性;如果不是,那么价值带来的主观性是否才是社会科学的本质表现,这样诠释学的立场对社会科学研究才是合适的,只有"理解"才能从根本上把握社会事实的本质。当然,社会科学哲学中的价值问题是以我们通常所理解的价值的含义为基础的,只是前者强调了价值概念中主体性一面。

(一)两条径路的比较

在一个较长的时间内,人们对于社会及其运行的解释可以粗略地划分为两种不同的角度,其一是将自身排除在社会事实之外,试图以一个旁观者的身份,寻找能够说明社会事实的原因。而另外一种则采取了置身其中的态度,更多地从内部出发来理解社会事实的意义。罗伯特·毕夏普也类似地认为这二者的差异就是构成社会科学主题与自然科学主题之间的关键差异。"所有的行动都发生在某一背景中,且只有在这一背景下才能被视为可理解的,如果没有这个背景,任何行动都不可能是其所是。按照相关者的方法,这一背景就仅仅指物理—生物世界和构成这个世界的动力—因果结构。按照诠释者的方法,行动的背景不只是物理—生物世界,还有行动者的意向、信念、情感和观点,以及行动者的文化历史背景。"① 通常我们认为这两种不同的角度分别代表了社会科学中自然主义传统和诠释学传统的不同立场和认识。然而,仔细追究下来,以此来作为二者的划分并不恰当,自然主义和诠释学并没有如此绝对的界限。比如涂尔干就没有将社会事实还原为自然科学中的自然,相反,他采用了类似现象学的观点,认为科学是以主体间的意识活动为基础的。② 显然,自然主义和诠释学在具有分歧的同时,还具有某些重要的共同特征,比如对于社会事实以自然世界为基础,自然条件变化对社会事实有重要影响,以及社会事实或者人类活动对自身的重构等观点,二者并没有特殊分歧。因此,人们将视线转移到理解与解释究竟谁才是能从本质上把握社会科学,而不是理解和解释究竟谁可以被应用于社会科学或自然科学的问题。

---

① 罗伯特·毕夏普:《社会科学哲学:导论》,王亚男译,科学出版社 2018 年版,第 25 页。
② 梯利亚基恩:《涂尔干与胡塞尔——实证主义精神与现象学精神之比较》,参见:苏国勋,刘小枫主编:《社会理论的开端和终结》,上海三联书店 2005 年版,第 224 页。

以孔德、斯宾塞为代表的近代自然主义者认为,科学处理的是"事实",事实是客观的,是我们所寻求的关于世界的知识,而价值则承载着人类旨趣,是主观的。价值不能从事实推导出来,事实也不应当受到价值的影响。因此他们保持价值中立,主张用自然科学的模式与方法来建立社会科学。他们主张统一的科学观,强调自然界与人类社会有基本的连续性,社会发展过程在性质上与生物发展过程是相同的,社会现象不过是自然现象的高级阶段,社会科学家的任务是描述客观事实寻求客观规律,保障被研究结果的客观性及科学性,严守价值中立。①

而反自然主义者李凯尔特最早提出了"价值关联"的概念。他区分了价值关联与价值评价两个范畴。认为评价是主观和个别的,对同一事物人们可做出完全相反的结论;而价值关联则是客观的、共同的,它既非褒,也非贬,社会科学研究不能摆脱价值关联。② 他指出,价值关联是文化科学研究的前提,只有使用自己的价值观念去考察,才可能真正揭示对象本质。

需要说明的是,自然主义的观点从早期的严格排除价值到近来将价值内含其中,在历史发展中表现出相对较大的变化,当代自然主义吸收了反自然主义的观点,认为科学与价值有着密切的关系。但是,自然主义在承认二者的密切关系时,仍然坚持了社会科学对客观性的基本诉求。因为就像鲁德纳所说的那样,"价值判断本质上就包含在科学的程序当中"。既然价值判断已经内含于认识活动,那么在内含价值判断的科学活动中获得客观性知识是符合理性的。因为就认识本身而言,首先应当承认有限是其基本的特点,而且认识还意味着认识者对所要认识事物的自我重建。那么在最低程度上,这种重建将在其价值判断中返回自身,确证自身,这就保证了社会科学客观的诉求。

进一步我们发现,在讨论价值问题时,实际上也是关于科学客观性问题的追问。如前所说,自然主义特别坚持科学的客观性,将其视为科学本身的基本特质。而诠释学则相对而言更为强调主观性的一面,强调从内部出发理解社会事实的意义。也正因为这一原因,社会科学中的诠释学路径同样需要面对人们所提出的批判,比如对主观性的强调会不会导致一种相对主义,而具体到社会科学中,它是不

---

① 赵一红:《浅论社会科学方法论中的价值中立问题》,《暨南学报》(哲学社会科学),1999年,第1期。
② 参见赵一红:《浅论社会科学方法论中的价值中立问题》,《暨南学报》(哲学社会科学),1999年,第1期。

是今日我们不能看到社会科学进步的主要原因等。所以我们需要接下来马上考察,在社会科学中,一贯以来对待价值的立场是什么,其可能的走向又是什么。

(二)价值中立

自孔德以来,社会科学就坚持以自然科学为标准,排除不能被经验证实的东西,坚持运用自然科学的方法,将价值完全排斥出去。如我们在第三章所言,这种实证主义的或者说自然主义的观点为社会科学的制度化做出了贡献,并且直至如今仍然是社会科学的主流趋向。

韦伯曾就价值中立做过详细的论述,他认为价值中立主要包括两个方面的内容。第一是方法论上的价值中立原则,主要是事实与价值的区分。这一点来自休谟。自1739年《人性论》出版以来,休谟提出的"是"与"应当"的问题或者说"事实描述"与"价值判断"的问题经由康德等人的重新思考,成为哲学史上极其重要的问题。但在《人性论》中,这一问题只是作为一个附论而被提出。休谟说:"我却大吃一惊地发现,我所遇到的不再是命题中通常的'是'与'不是'等联系词,而是没有一个命题不是由一个'应该'或一个'不应该'联系起来的……即这个新关系如何能由完全不同的另外一些关系推出来的,也应当举出理由加以说明。"①因此休谟并不认为二者之间具有合理的联系。有哲学家如普特南则认为事实与价值不是截然对立的,事实渗透着价值,而价值必然负载着事实。但也有哲学家如摩尔、艾耶尔和斯蒂文森等人坚持事实与价值二分,事实描述与价值判断的区分是不可跨越的。韦伯也同样如此,认为科学研究必须把事实描述与价值判断严格区分开来,当然,不是说不能把价值判断作为对象,而是说不能把研究者的价值判断带入其中。第二,韦伯的价值中立还具有实践意义。在他看来,"确定事实、确定逻辑和数学关系或文化价值的内在结构是一回事,而对于文化价值问题、对于在文化共同体和政治社团中的应当如何行动这些文化价值的个别内容问题做出回答,则是另一回事"②。因此,他认为社会科学可以告诉我们做什么,怎么做,但绝不能告诉我们应该做什么。

虽然价值中立原则为社会科学的科学性提供了很多有力的辩护,但反对之声

---

① 休谟:《人性论》,关文运译,商务印书馆1996年版,第509页。
② 韦伯:《学术与政治》,冯克利译,生活·读书·新知三联书店1998年版,第24页。

一直不绝于耳。其中一个关键的反对点就是认为,社会科学的研究对象与自然科学对象不同,它是人们有目的的活动,所以社会科学必然是关涉价值的。仔细分析关于社会科学之间的价值论争,发现其实很多争论并不在一个层面上。如果价值被视为一种相关个人利益的考虑,那么作为科学为保持其科学性必然不能接受这样的价值意义。而如果价值作为主观的专业判断,则不论自然科学还是社会科学都同样需要而且不能避免。这就涉及价值争论的第三个意义即道德判断。① 库恩就认为,很明显存在着不同价值标准的社会,在这些不同的社会中,对于应当做什么和不应当做什么有着不同的判定标准。库恩甚至还认为即使价值相同但选择却不一定相同,因此尽管他提到了几项自己认可的好的科学理论的特征,但却紧接着写道:"当然,我认为我开始时提到的这种选择准则,其作用不同于决定选择的规则,而在于影响选择的价值。两个人都完全接受同一种价值,但仍然可以在特定的情况下做出实际不同的选择。"②

(三)胡塞尔现象学价值概念启示

现象学中的价值概念具有多重含义,它在不同的用途中涵盖了价值的内在和外在含义。"源于希腊文的'价值'(Axiose)与德文的'价值'(Wert)概念在胡塞尔现象学术语中是同义概念。他们本身在胡塞尔那里都带有多种含义。广义的'价值'也包括'存在信仰'。'我们必须把信仰标示为价值,这是一种原初价值,所有其他的价值作为阻碍、作为价值变化、作为变化都与这个原初价值有关'。而狭义的价值则是指一种建基于存在信仰之上的实事特征和事态特征,即有关的存在对象的有用与否。"③

我们所明见的作为社会科学对象的社会现象与自然科学对象显然是有差别的,社会现象作为某种人类活动必然蕴含着人们的价值判断,而且我们之所以做出对社会现象以及其他一切知觉活动,首先就是因为我们对之具有某种兴趣和好奇。现象学的一大优点就在于它将这些价值关联完全地纳入其中。而且社会科学本来就是在社会变革的大环境中处于现实的需要而发展起来的,因此现象学视域下的社会科学一开始就是价值关联的。

---

① 江宜桦等:《社会科学通论》,台湾大学出版中心2005年版,第7页。
② 库恩:《必要的张力》,范岱年,纪树立译,北京大学出版社2004年版,第321页。
③ 倪梁康:《胡塞尔现象学概念通释》(增补版),商务印书馆2016年版,第79页。

胡塞尔通过对实证主义的批判,指出价值中立的自然科学方法不是万能的,它把世界当作客观事实的结合,而把人与世界之间的价值关系彻底排除。正像 R. 特里格所说:"以科学的超然的方式对待人,会导致根本不把人当作人来看待……社会科学家不能回避在不同的价值之间做出选择,更不能回避关于人性的最基本问题。伪称社会科学能够不涉及价值的说法本身就产生了一套特定的价值和看待人的特定方式。如果冷冰冰地操纵其他人生命的社会工程师的科学的超然,被由衷地认为是表现某种科学中立性的理想,这样的科学中立性只能更令人不寒而栗。"①其结果就是给我们提供了一个与人无关的科学世界,科学也因此陷入了危机,实际上也就是人本身陷入了危机。

实际上,胡塞尔将价值意识回归到其最本源的含义上,将价值视为某种引发兴趣并导向自我朝向对象的东西。胡塞尔说:"虽然也有可能对象本身触动了我们的感情,它对我们有价值,并且我们因此而关注它并逗留在它上面。但同样有可能它是一个无价值的东西,并且正由于它令人厌恶才唤起了我们的兴趣。"②再回到社会科学中,此时关于社会科学的价值问题的认识,就应该返回到人的生存上来,这是社会科学研究对象的最基本特征。显然,人类的活动,不论是钻木取火还是今日的大工业活动,无不反映着人们对自我需要的满足,作为事物的内在价值抑或满足人的工具价值,都内在地被包含在这些活动中,不只如此,价值本身在人类活动中还具有某种导向作用,如亚里士多德所说:"每种技艺与研究,同样地,人的每种实践与选择,都以某种善为目的。"③也就是说,在人类活动中,从自我需求出发,形成了某种价值认识,反过来,价值也起到了促使人们实现自身目标的导向作用。关于人类需要的满足与社会发展的内容将在第七章进一步展开。

二、理性是自我的基本朝向对象

在人类文化早期,人们素朴地直接面向世界,以自然的态度生存着,此时的世界对于人而言不是一个客观世界,它只是对于在其中的人有效的"周围世界"。胡塞尔认为,"显然是由于生成方面的原因,人总是生活于共同体中,家庭中,部族中,

---

① R. 特里格:《社会科学中的事实与价值》,参见苏国勋,刘小枫主编:《社会理论的开端与终结》,上海三联书店 2005 年版,第 744 页。
② 胡塞尔:《经验与判断》,邓晓芒,张廷国译,生活·读书·新知三联书店 1999 年版,第 106 页。
③ 亚里士多德:《尼各马可伦理学》,廖申白译,商务印书馆 2003 年版,第 3 页。

国家中,而所有的共同体本身又总是划分为特殊的社会集团。这种自然的生活现在被说成朴素地直接地面向世界的生活,这个世界作为普通的地平线总是以某种方式被意识到在那里,但并不是主题。"①然而,自然态度必然会发生改变,因为面对着世界所呈现出来的千姿百态,人们对之的敬畏、好奇油然而生。如创世神话所表达的那样,人们对自身以及所处群体有了不同的认识,"产生了世界表象和真实世界的区别"。胡塞尔讲到,"在具有这种自然态度的历史上实际的诸文明之中的一种文明中,从这种文明的具体生成的内部和外部情势中,在某一时点,必然产生出一些动机,这些动机最初推动这种文明之中的个别人和团体去改变态度"②。胡塞尔是在探讨科学的和哲学的人的起源时做出如上表述的,我们的引用尽管不能说明胡塞尔是如何具体指出转变,但从如上两句话中看到,转变是必然的,也是人内在追求的。

胡塞尔还曾指出,"在古希腊国家中产生了一种个人对周围世界的新式的态度。其结果就是出现了一种完全新式的精神构成物,这种精神构成物很快就成长为一种系统而完整的文化形态,希腊人称它为哲学"③。根据历史记载,显然在古希腊哲学中,以泰勒斯为代表的一部分哲学家率先开始了这种态度的转变,当泰勒斯提出"水是万物之源"之时,人类迈出了走向理性生活的关键一步。

不只如此,胡塞尔还认为表象和理性的区别带来有关真理的新问题。"因此不是受传统束缚的日常真理的问题,而是关于一种对所有的不再受传统蒙蔽的人而言是同一的普遍有效的真理,即自在真理的问题。因此哲学家的理论态度要求他经常地下决心,并且预先就下决心,经常地,并且是在普遍生活的意义上,将他未来的生活献给理论的任务,根据理论认识而建立理论认识,直至无穷。"④胡塞尔还就理念和精神生活的辩证运动做了说明,展现了理性对人们生活的规范过程。在他看来,作为产生于个别的个人基础上的意义构成物,能够在一定群体内通过主体间活动而被固化为该群体的特殊价值规范,并反过来影响该群体的发展。所以说泰勒斯的那一步实际上也是人类的一大步。对个别的个人而言,随着这些意义构成

---

① 胡塞尔:《欧洲科学的危机与超越论的现象学》,王炳文译,商务印书馆2001年版,第381页。
② 胡塞尔:《欧洲科学的危机与超越论的现象学》,王炳文译,商务印书馆2001年版,第381页。
③ 胡塞尔:《欧洲科学的危机与超越论的现象学》,王炳文译,商务印书馆2001年版,第375页。
④ 胡塞尔:《欧洲科学的危机与超越论的现象学》,王炳文译,商务印书馆2001年版,第387页。

物的形成,个人的认识发生了根本性变化,而且这个形成的过程实际上也正是该个体塑造自身的过程,因此"人逐渐变成了新的人",而且此过程并不存在一个终点,它不断重新塑造着个体生命。胡塞尔写道:"在这种运动中首先有一种特殊的人性发展起来(它后来甚至超越了这种运动),这种人性以有限的方式生活着,却趋向无限的极。正是通过这种方式产生了一种共同体化的新方式,一种持续存在的共同体的新形态;它通过爱理念、引起理念以及从理念上规范生活而共同体化了的精神生活,本身包含有无限性的未来的地平线:按照理念的精神世代更新的无限性的未来地平线。"①

如果说从自然态度到理性的转变,彻底改变了人类对世界的认识,那么我们就需要问理性到底是什么,它有什么功用。很明显,要想回答这个问题是困难的。对于胡塞尔而言,同样如此。他写道:"显然,理性是有关认识(真实的、真正的认识,理智的认识)的诸学科的主题,是有关真实的和真正的价值(作为理性的价值的真正价值)评价的诸学科的主题,是有关伦理行为(真正善的行为,即从实践理性出发的行为)的诸学科的主题;在这里,理性是'绝对的','永恒的','超时间性的','无条件地'有效的理念和理想的名称。"②尽管理性在胡塞尔眼中具有如此复杂多样的研究领域,但他还是从现象学的角度给予理性新的思考。

胡塞尔认为,理性不外乎就是人性本身,"人是理性的动物,只当它的整个人性是理性的人性时它才是这样的东西,——就是说,只当它是潜在地指向理性,或明显地指向那种达到自己本身的,对自己本身成为明显的,并且现在以本质的必然性有意识地指导人的生成的隐得来希时,它才是这样的东西。"③理性规定着一切与人相关的存在物之意义。"理性是最终赋予一切被认为的存在物,一切事物,价值,目的以意义的东西,即赋予一切事物,价值,目的与从有哲学以来真理——真理本身——这个词,以及相关联地,存在者——真正的存在者——这个词所标志的东西以规范性关联的东西。"④于是,在胡塞尔这里,自我的实现就是对理性的实现,理性的实现才意味着人之为人的可能。而且,在这个意义上,理性不只成为规范人们

---

① 胡塞尔:《欧洲科学的危机与超越论的现象学》,王炳文译,商务印书馆2001年版,第376页。
② 胡塞尔:《欧洲科学的危机与超越论的现象学》,王炳文译,商务印书馆2001年版,第19页。
③ 胡塞尔:《欧洲科学的危机与超越论的现象学》,王炳文译,商务印书馆2001年版,第26页。
④ 胡塞尔:《欧洲科学的危机与超越论的现象学》,王炳文译,商务印书馆2001年版,第23页。

认识、实践的价值导向,同时也是自我朝向的对象本身。

因此,理性就自身的运动而言,一方面意味着对理性的自我实现,另外一方面还意味着对人的自我实现的导引和规范。理性既然作为人所特有的东西,甚至就是人性本身,它不仅在逻辑上引导自身的实现,还实际地构成了人类的自我生成过程以及社会的自我生成过程。而且胡塞尔还写道:"正如我所说的,将自己理解为理性存在的人理解到,它只是在想要成为理性时才是理性的;它理解,这意味着根据理性而生活和斗争的无限过程,它理解,理性恰好是人作为人从内心最深处所要争取的东西;只有理性才能使人感到满足,感到'幸福';它理解,理性不允许再细分为'理论的''实践的'和'审美的',以及无论其他什么的;它理解,人的存在是目的论的存在,是应当一存在,这种目的论在自我的所有一切行为与意图中都起支配作用;它理解,它通过对自身的理解,在所有这些行为与意图中能够认出必真的目的,并理解,这种由最终的对自身的理解而来的认识不可能有别的形态,而只能是按照先验原则对自身的理解,只能是具有哲学形式的对自身的理解。"①如奥尔特加所说,人活着绝不仅仅只是活着而已,人活着还有更高的追求,简单地讲就是要活得好。但活得好最终必然会回归到理性自身的自我实现中去,因为自我实现既是人最根本的特征同时也是人获得最大快乐的基本可能性。如胡塞尔所言,"只要理性本身事实上按它本身固有的形式对自己充满自觉地清楚地显示出来,也就是说,以一种普遍哲学的形式显示出来(这种哲学在前后一贯的必真的洞察中发展,以一种必真的方式自己规范自己),只要情况是这样,哲学和科学就真的是解释人类本身'与生俱来的'普遍理性的历史运动"②。实际上,美国著名社会心理学家亚伯拉罕·马斯洛提出的需求层次理论是对此问题的最好例证。马斯洛认为,人有多种不同层次的需求,从最基础的生存需求到安全需求、情感需求以及尊重需求再到最高层次的自我实现的需求,不同层次需求的实现,正是人类走入理性,并在理性运动中实现自身的过程。回到现象学中,当这一过程上升到哲学层面,理性显然正是自我的基本朝向对象。

三、社会科学理论是自我认定的一个阶段

历史地看,人类的自我实现是一个漫长的人类态度的变更。从早期自然态度

---

① 胡塞尔:《欧洲科学的危机与超越论的现象学》,王炳文译,商务印书馆2001年版,第324页。
② 胡塞尔:《欧洲科学的危机与超越论的现象学》,王炳文译,商务印书馆2001年版,第26页。

第六章 现象学对科学与人性的反思

到理性的转变就是其中最为关键的一个环节。这一点我们已做了说明。当我们就理性本身做进一步的细化,通过理性的不同表现形式来阐明社会科学的地位将是十分有益的。

首先让我们来看看,哲学和科学与理性的关系问题。胡塞尔在谈到柏拉图哲学的时候,认为在柏拉图那里,就已经包含着有关哲学之必然奠立和划分为两个等级的有重要意义的理念,即所谓"第一"哲学等级和"第二"哲学等级的理念。而所谓第一等级顾名思义就是处于开端的科学学科,它是"一种绝对证明自身正当的普遍的方法论;或者用理论方式表达,一种关于一切可能认识之纯粹的(先验的)原理之总体的,和关于这些原理中系统地包含的,因此能纯粹由这些原理演绎而来的先验真理之总和的科学"①。而第二等级则用来表示事实科学的总体,它们的正当性证明需要依赖于第一哲学。不管是第一哲学等级还是第二哲学等级即事实科学,它们都意味着"一种新型文化理念的轮廓被勾画出来了,即作为这样一种文化的理念,在这种文化中,科学的文化形态不仅在其他文化的形态中间成长起来,并越来越有意识地向它的'真正'科学的目标努力,而且在这种文化中,科学有能力承担一切共同体生活的,因此一切一般文化的君主的职能,并且越来越有意识地承担这种职能,——相似于在个别心灵当中,理智对于心灵的其他部分所承担的职能"②。由此,人类才从原初的自然态度实现了向理性方式的转变。所以胡塞尔认为哲学理性不过是人性或者理性自身的一个阶段。在胡塞尔这里,哲学和科学在某些时候是一致的,这种一致性也同样体现在哲学、科学和理性的一致性上。但实际上,很有必要依照当前我们所认可的哲学和科学概念来对理性展开论述。因此就哲学而言,在理性作为自我的基本朝向对象的前提下,科学作为理性最为典型的形式代表与理性本身构成了一个整体与部分的关系。胡塞尔指出,"正如人,甚至是巴布亚人,代表着动物性的新阶段,即与动物相比的新阶段;同样哲学的理性也是人性和它的理性的一个新阶段。但是这个处于关于无限任务的理念规范之下的人的存在阶段,这个从属于永恒的种的存在阶段,只有以绝对的普遍性——正是从一开始就包含在哲学的理念之中的普遍性——的形式才是可能的"③。也就是说,理性是

---
① 胡塞尔:《第一哲学》,王炳文译,商务印书馆 2006 年版,第 43 页。
② 胡塞尔:《第一哲学》,王炳文译,商务印书馆 2006 年版,第 44-45 页。
③ 胡塞尔:《欧洲科学的危机与超越论的现象学》,王炳文译,商务印书馆 2001 年版,第 393 页。

自我朝向对象的整体,而包括科学、哲学在内都是理性的具体形式或阶段。

对于胡塞尔而言,要想建立一门如同自然科学那般的精神科学,是很荒谬的一件事。但是这不等于我们不能确立一门精神科学。相反,从历史来看,价值相关的人的问题就从来没有被排除在科学之外,胡塞尔说,"特殊的人性问题在过去并不总是被排除于科学领域之外,并不总是不考虑人性问题对所有科学,甚至那些不以人为研究对象的科学(如自然科学)的内在联系"①。受狄尔泰等人影响,胡塞尔对精神科学也开展了深入的研究,还分析了"精神世界对自然世界的本体论优先性"等问题②。胡塞尔在谈到以往的事实上也是自然主义的精神科学时,指出,"我们用精神科学研究(我用此指我们历史上形成的所谓'精神科学')名称指这样的科学,它们朝向于对作为积极主体施作及其'产物'(积极形成物)的特殊个人性成就进行说明性理解;但是,这样一来,对于我们精神科学家而言,在此仍然存在有一个显然并非纯粹分离的'未理解领域';在精神科学的说明中仍然存在有相当多一般而言未被说明者,甚至因此可称之为外在于精神科学领域者,或称之为不是产生于前所与的个人之主动性行为者,后者存在于其动机化关联域内"③。显然,胡塞尔批判了自然主义的精神科学研究,指出了其缺陷,而这一缺陷根本上就在于对人本身的特殊性理解的缺失。

相对于自然科学可以把精神排除在外,将自然视作一个孤立封闭的世界来讨论,精神科学即使有抛开自然的态度,却并不能保证一个"自身封闭的,纯在精神方面关联的'世界',这个'世界'能够成为纯粹自然科学的类似物的纯粹普遍的精神科学的主题"④。因为在精神科学中,人的价值关联及其身体等客观事实是不能被完全隔离开来的。回顾历史上将人视为研究对象的任何研究,尽管他们都提出了众多极富启发的观点,但事实却是,反倒加剧了一种引人注目的分裂:"人属于客观事实的领域,但是作为人,作为自我,人有目的、意图,有由传统而来的规范,有真理的规范——永恒的规范。"⑤

---

① 胡塞尔:《欧洲科学的危机与超越论的现象学》,王炳文译,商务印书馆2001年版,第17页。
② 胡塞尔:《现象学的构成研究》,李幼蒸译,中国人民大学出版社2013年版,第235页。
③ 胡塞尔:《现象学的构成研究》,李幼蒸译,中国人民大学出版社2013年版,第326页。
④ 胡塞尔:《欧洲科学的危机与超越论的现象学》,王炳文译,商务印书馆2001年版,第370页。
⑤ 胡塞尔:《欧洲科学的危机与超越论的现象学》,王炳文译,商务印书馆2001年版,第397页。

第六章　现象学对科学与人性的反思

胡塞尔通过对自然主义的批判,提供了在他看来是唯一可能的确立精神科学的路径,即"进行哲学反思的人从他的自我出发,而且是从纯粹作为其全部有效性的执行者的自我出发,他变成这种有效性的纯粹理论上的旁观者。按照这样的态度,就成功地建立起一种具有始终一贯地自身一致并与作为精神成就的世界一致的绝对独立的精神科学。在这里,精神并不是在自然之中或在自然之旁的精神,而是自然本身被纳入精神领域"①。甚至在胡塞尔看来,处于自然科学之中的自然反倒是表面的自足而已,唯有精神"是在自己本身中并且为自己本身存在的,是自满自足的",也因此才能确立真正的科学探讨,在这个意义上,精神科学反倒比自然科学更具有科学性。但同时他也承认,精神科学受到主体性因素的影响,或者直接以主体为研究对象,构成了精神科学本身的困境。因此胡塞尔曾讲道:"精神科学家,直意地看,正是将主体性作为主题。十分明显,一切出现于各种形式中的主体因素相互关联着,但是主体因素如何相互从属,如何能确立为科学,却完全不清楚。几个世纪以来人们都在为克服这些困难而努力着。"②

返回到我们对社会科学的探讨中来,之所以一直坚持采用胡塞尔所使用的精神科学一词,固然是因为在胡塞尔的德语语境中,精神科学所涵盖的范围远远大于我们今天所谈到的社会科学。更重要的还是因为,当我们随着现象学对社会科学基础的不断探索的深入,发现我们当下所采用的社会科学一词有太多的实证主义色彩。而这正是传统社会科学无法进一步发展,以及社会科学哲学论争不断的基本原因。但显然我们也不能放弃社会科学一词不用而改用其他,那么我们可能的选择还是以对社会科学概念的修正为主,而这也正是我们开展社会科学哲学研究的基本原因和问题。既然科学包括社会科学是理性的形式代表,是理性亦即人性的自我实现的某个阶段,同时理性又是自我的基本朝向对象,那么社会科学一方面既是理性活动本身及其成果,另一方面还是人们自我实现的规范。就像胡塞尔说的,"人最终将自己理解为对他自己的人的存在负责的人,即它将自己理解为有责任过一种具有必真性的生活的存在"③。

---

① 胡塞尔:《欧洲科学的危机与超越论的现象学》,王炳文译,商务印书馆2001年版,第402页。
② 胡塞尔:《现象学的心理学》,李幼蒸译,中国人民大学出版社2015年版,第101页。
③ 胡塞尔:《欧洲科学的危机与超越论的现象学》,王炳文译,商务印书馆2001年版,第324页。

第三节 "正确性的真理"与"显露的真理"

真理一度被视为客观事物及其规律在意识中的正确反映。以此为基础,科学成为真理的代名词,社会科学则因此被视作为研究社会现象及其规律的学问。相应地,社会科学的科学性本身依赖于理论是不是如实地反映了社会现象及其规律。进一步还可以追问社会是不是具有某种规律性,我们能不能以及有什么方法可以从中得出关于社会现象的规律性认识等一系列问题。以往对这些问题的回答逃不出自然主义和诠释学的对立,但当我们从现象学入手时,却发现它给我们提供了一种不同于前二者的回答。现象学视域下的真理观与传统真理观相比较,能够特别为我们挖掘出对社会科学新的认识。

一、两种真理的不同与联系

现象学视域中,真理可以被分为两大类,一是"正确性的真理",二是"显露的真理"[1]。所谓正确性的真理,实际上与我们传统的真理认识是一致的,它用来指可以被经验证实的特定断言和陈述。比如我们想了解社会化在个体人格发展中是不是有重要作用时,可能会做出肯定或否定的回答,但不论哪一种回答,我们都可以通过实验来证实或证伪,那么我们就可以说它提供了一种正确性的真理。正如有科学家对一些与世隔绝的孩子进行了研究,包括我们所了解的狼孩以及一个被关在房间达六年之久的小女孩,不仅证实了社会化对个人的重要作用,也说明了没有社会化会导致什么结果。那么这个结论本身就可以被当作一种正确性的真理。因为正确性真理的基本特征就是它可以通过经验来证实或证伪。在科学哲学中,逻辑经验主义甚至以此为科学的划界标准,在他们看来,一个命题当它可以被证实时才是有意义的,这样的命题才有成为真理的可能性。相反地,命题如果不可被证实,那么就不能成为科学的问题。此外,即使一个命题它可以被经验证实或证伪,如果它与经验事实不一致,那么这个命题就不是正确性的真理。显然,正确性真理关心的是事物存在的方式,如实地表达了一事物存在方式的命题才是正确性真理。

---

[1] 罗伯特·索科拉夫斯基:《现象学导论》,高秉江、张建华译,武汉大学出版社2009年版,第156页。

在现象学中,还有一种比正确性真理更为基本的真理形式,即显露的真理,它"就是某个事态的展现"。因此,显露的真理也可以被理解为我们对对象的直观把握或者说我们所把握的对象的自我显现。对象的自我显现是我们经验的开始,此时,我们所把握的对象既可能是对自身如实的反映,也可能我们被虚假的显像误导,比如我们看到远处有一条蛇,但走近看才发现不过是一个破布绳。可就我们的意向而言,并不存在一个所谓的真假或者是不是如实反映还是假象这样的问题。它都是我们的一种意向关系。但如我们上一章所讲,人本身具有的超越性,会促使我们对这种简单直接的意向提出疑问,我们会去求证事实是否与我们直接的意向一致。此时,我们进入了一个新的阶段,即命题反思的阶段。命题反思意味着对对象的直接意向转变为一种个别的判断,而这些判断在未被经验确证时实际上就是可能的正确性真理。但显露的真理如果仅仅作为经验的开始,显然远没有体现出其根本的价值,因为至此我们对真理的把握还局限在事物的存在方式上。只有当命题反思之后,被经验自身所确证,也就是说从一个判断又重新返回到事态时,显露的真理才真正实现了自身。丹·扎哈维对此写道:"当对象正如我意向的那样被直观地给予时,我的信念得到了辩护,并且是真的,我于是就拥有了知识。"①因此一个事态经由命题反思返回自身这样的完整过程才构成了现象学真理的核心意蕴。

二、主体性活动对真理的成就即明见性

为了把握一个命题或者陈述被直观的充实,以及与此相关的一种非符合论的,"所意谓者与所给予者之间的同一"的真理,现象学提出了"明见性"概念。

对于胡塞尔而言,明见性具有特殊的意义。他写道:"但这一切之根本都在于把握绝对被给予性的意义,把握排除了任何有意义的怀疑的被给予的绝对明晰性的意义,一言以蔽之,把握绝对直观的、自明的明见性的意义。"②由于明见性概念在现象学特别是胡塞尔那里表现出几层不同的含义,而其重要性却不容我们忽视,因此为了对其有恰当的理解,我们此处就其基本含义做一简要介绍。明见性一般而言意味着一种状态,它是对命题的证实,是对对象的呈现,指向那些真理的主体性成就,它被用来作为对真理的主体性拥有或者说判断现象学真理的标准,是现象

---

① 丹·扎哈维:《胡塞尔现象学》,李忠伟译,上海译文出版社2007年版,第28页。
② 胡塞尔:《现象学观念》,倪梁康译,人民出版社2007年版,第11页。

学追求的真理性的代名词。

　　明见性的获得还需回到意向性活动中去,因为意向性是明见性的基本场所,有意向性才有明见性。具体而言,主要体现在明见性包括的两个方面,一方面明见性意味着一种事实即意向对象。但更重要的是它意味着事实的呈现,意味着意向相关项,当事物自我呈现时,我们对之有所作为。"明见一词更为清楚地表明,如果事物要被给予我们,我们就必须作为先验的自我而活动。"①回过头来,正确性的真理和显露的真理也意味着两种明见的方式。而如果说类似正确性的真理这样的以经验确证的方式可以作为明见方式,也就是说,现象学同时承认了事实科学的真理性。当然,现象学也承认对于事物自身显现的真理。

　　尽管明见性一词给现象学提供了多元的真理标准,但其本身却备受批判。首先明见性容易被还原为心理学的明见性,也就是将其当作一种认识的"信念"或者"心灵状态"。这也是胡塞尔自己所特别担心的。究其根本原因在于局限于主客体的分化。如果从意向性出发,不难发现意向活动必然与意向相关项联系,我们对某事物的明见,包括该事物自身的呈现以及我们对呈现本身的把握,或者说我们对呈现的把握自然也包括对被呈现的事物的把握。索科拉夫斯基更是强调了明见性与理性本身的关系,明见性成为"理性生活的一个步骤,是先验自我的一次实现",他进而指出,"任何明见行为都以整个真理游戏也就是人类交往已经在进行为前提;它必须在那里等着我们参与其中。不仅凭借我们之所是,而且也依靠我们在其中接受排练的理性传统……我们被提升到理性生活之中"②。

　　其次,认为"断言呈现本身不足以确立真理"。如果把我们所看到的被给予当作一种意见,必然会进一步追问更深层的原因,于是,就将真理的呈现归结为传统逻辑推演和证明,甚至有可能会导致无限递推。在笛卡尔那里,直观和演绎推理是两种不同的达到知识的方法。但如果我们将笛卡尔的直观和推理看成一种纯粹的意见表达以及可能导致无限递推,那么这样的认识可能是对笛卡尔的简单对待。因为即使是笛卡尔,直观也不是一个心理学上的用词,"我用直观一词指的不是感觉的易变表象,也不是进行虚假组合的想象所产生的错误判断,而是纯净而专注的心灵的

---

① 罗伯特·索科拉夫斯基:《现象学导论》,高秉江、张建华译,武汉大学出版社2009年版,第160页。
② 罗伯特·索科拉夫斯基:《现象学导论》,高秉江、张建华译,武汉大学出版社2009年版,第162页。

第六章 现象学对科学与人性的反思

构想,这种构想容易而且独特,使我们不致对我们所领悟的事物产生任何怀疑"①。

最后,明见性确实不如逻辑推理方法那样对每个人都是一样的,它依赖于事物显现的时机,依赖于把握真理的健全心智准备。建基于数学—实验方法的自然科学的飞速发展,人们将某些具有高度辨识性的方法如归纳法、演绎法以及实验方法等看作是科学方法,认为凡科学皆可使用此种方法。甚至方法被当作了科学发展的基本原则和要素。这种科学思想扩展到社会科学中,必然导致将社会现象与自然现象同质化的结果,进而取消社会科学本身。当然此种思想也一度被批判,比如法伊尔阿本德曾言,"关于一种固定方法或者一种固定合理性的思想,乃建基于一种非常朴素的关于人及其社会环境的观点。有些人注视历史提供的丰富材料,不想为了满足低级的本能,为了追求表现为清晰性、精确性、'客观性'和'真理'等的理智安全感,而使之变得贫乏。这些人将清楚地看到,只有一条原理,他在一切境况下和人类发展的一切阶段上都可加以维护。这条原理就是:怎么都行"②。而明见性的获得则不仅要以意向性的突破为前提,还依赖于事物的显现。因此相对于逻辑推理方法而言,明见性显然需要我们更多的智识上的准备。

既然我们认为明见性本身就包含有不同的如胡塞尔所说的"直接的直观"和"直接的自身被给予性",再加上明见性受人们个体智识差异的影响等原因,显然明见性所表现出来的对真理的把握具有高低之分。这里的高低并不指一种程度上的高下之分,而更多地指向在时间意识中的原初的明见和以此为基础的新的明见之间的分别,也是我们前面所讲到的显露的真理在正确性真理之前和之后的问题。我们以管理学理论的发展为例,在近代工业革命之前,整个社会的生产还基本处于手工作坊阶段,此时从生产规模或者其他任何方面而言,还远不能对管理者提出科学管理的要求,也就是说,此时就生产活动的组织而言并不能取得理论上的突破。随着工业化水平的提高,大规模的流水线作业的现代工厂生产模式逐渐走向了历史舞台,工厂内部的管理问题就变得重要起来,到十九世纪中后期,加上经济的萧条等原因,"科学管理之父"泰勒提出了自己的科学管理理论,他试图说明工作条件和环境对生产效率的影响,因此特别在实验中严格规定相关工作程序和手段,比如

---

① 笛卡尔:《探求真理的指导原则》,管震湖译,商务印书馆1991年版,第10页。
② 保罗·法伊尔阿本德:《反对方法》,周昌忠译,上海译文出版社2007年版,第6页。

考察工人使用铁锹的大小甚至移动方向如何影响其工作效率。他的研究不仅在提高生产效率方面取得了重大突破,为现代管理模式奠定了基础,同时也成为现代管理理论的开山之作。对此我们可以认为这就是人类所取得的一次明见。然而,其后随着梅奥主持的霍桑试验的进行,泰勒开创的科学管理理论的经济人假设的不足被充分显现。在此基础上,梅奥提出了社会人的假设,并指出影响生产效率的最重要因素不是待遇和工作条件,而是工作中的人际关系。因此,大规模生产的组织管理不仅要从物质条件以及技术方面考虑,更要从社会心理方面考虑。此时,我们取得了第二次的明见,它以科学管理的原初明见为基础,使事物的显现更加多样,我们对之所掌握的真理性也得到了深入。

原初的明见可能的基础作用以及较高的明见可能的遮蔽作用,意味着要重视前理解作为认识的可能性条件以及真理的相对性即当下的真理成为未来可能真理的阻碍。对此我们可以借用恩格斯对黑格尔一句名言的批判来理解。黑格尔认为"凡是现实的即合理的,凡是合理的即现实的"。一般我们都以为这句话是对现实的辩护,但这其实是对黑格尔的误解。恩格斯在《费尔巴哈和德国古典哲学的终结》一文中对此做了清晰的理解,"现实的"并不是我们平常所理解的现存和将来必定的存在,而是指一种必然性,现存必然走向灭亡,这是现实的,将来的存在对如今的我们也同样是现实的,他的灭亡也还是现实的。在恩格斯看来,黑格尔的这个命题具有保守性,但由于他"指出了一切事物的暂时性",因此其革命性也同样具有。

三、真理的相对性

前面我们已经初步提到了真理的相对性,具体而言,真理之所以具有相对性有多个方面的原因。

不论我们是以常识的、科学的还是哲学的方式去认识对象,对象对我们的显现都是无穷尽的,因此我们对对象的把握即认识活动得以规范的真理本身不可能是绝对的。以社会科学这个集合性概念为例,它不是可以被孤立地、绝对地视为某些学科如社会学、经济学等学科的集合,相反,社会科学应当被视为一个开放的概念,它所能囊括的具体学科并没有一个绝对的界限,因为随着对社会研究的深入,学科分化将逐步加剧,新学科的出现基本上是必然的,也就是说,社会科学就其所涵盖学科必定是一个逐步扩大的过程。那么对社会科学这个概念的认识当然应该随之而发生变化。即使从现有的几大学科发展的时间上来看,也不难证实这一点。

第六章　现象学对科学与人性的反思

在微观处也同样如此,比如我们想认识一个家庭,首先需要了解的是此家庭的人员结构如几代同堂,性别比例等,这是一个最为粗浅的认识;还需要了解家庭成员的健康状况、受教育程度、经济收入,了解家庭成员对不同问题的认识甚至需要了解他们自身都没有意识到的却实际影响其行动的一切因素。可以说,即使从一个家庭来看,它所能显现给我们的也是无法穷尽的,但同时我们也不会因为它无穷尽的显现而不将其视为同一个家庭,换句话说,我们能够在其多样性中把握同一性。

基于我们在前面指出的真理可以被分为正确性的真理和显露的真理,我们容易把正确性的真理当作一种绝对真理来看待。也就是说,我们很容易将一种可以被经验证实的命题当作一种绝对正确的普遍必然的东西来看待,而且还会试图通过自然科学和社会科学的对比用自然科学的特殊性来证明这样的认识。那么自然科学的所谓特殊性能不能被用来说明这样的观点呢?其实不然。我们知道一个命题或陈述是不是可以被经验证实并以此作为意义标准的问题曾在逻辑经验主义和批判理性主义那里得到充分的论辩。波普尔之所以提出证伪就是因为证实标准是非常有限的,尽管后期逻辑经验主义不断修正他们主张的证实原则,但并没有从根本上解决这一问题。其次,从科学史来看,一度被视为真理的认识在以后被推翻或者说修正的例子比比皆是。以牛顿和爱因斯坦为例,牛顿提出的时空观念在很长一段时间内被视作对世界的真实把握,但当爱因斯坦相对论提出后,人们逐渐认识到牛顿的局限。这里不是说因为爱因斯坦的相对论的出现,而使得牛顿的时空观被取消,而是说,牛顿的贡献自此引入了背景中,它从前台到背景的转换,恰是新的观念即爱因斯坦相对论被接纳的过程,前者的退去正是为了后者这一更高的明见得以展现的可能。"真理观不再是僵化的、永恒的、绝对的,而被理解为一个流变的过程,被理解为是社会性地建构并同时在进行自构的,是可以质疑的。"①

此外,对于认识个体而言也同样表现出真理的相对性。其原因和我们前面讲到的明见性因智识差别而不同是一致的。正如皮亚杰所言,"发生认识论已能证明,认识的原初形式与高级形式的差别比我们过去所认为的要大得多,因此高级形式的建构不得不经过一段比人们所想象的更长得多、更困难、更不可预料的过

---

① 芭芭拉·亚当:《时间与社会理论》,金梦兰译,北京师范大学出版社2009年版,第7页。

程"①。因此,认识个体所能发挥出来的认识能力直接影响着对事物的把握,同一个对象的同样显现相对于不同认识个体而言,不可能是完全相同的。但这里需要特别注意的是,我们不能因此把真理当作一种纯粹主观的东西,因为在现象学中真理始终是以对象的显现为基础的。

　　对真理相对性的把握再次让我们把注意力转回到人的生存上来。现象学诞生之时,也就是上世纪初期,欧洲社会动荡不安,一些富有责任心并关注社会发展、关注人类命运的学者将自己的研究中心转移到人的生存问题上。以海德格尔为代表的存在主义根据哲学的内在逻辑发展也把生存问题提到核心位置,而这一阶段同时也是现代科技极速发展的时代。19世纪的重大科学发现已经开始渗透到人类生活中,影响着人们的日常生活。在此时期特别是二战后,社会科学也得到了飞速的发展。然而这种社会、经济、科技的飞速发展并没有带来对科学本质的恰当认识。现代科学固然使人类生存具有了无限的可能性,但也正是因为这个原因,遮蔽了生存状态,人们迷惘于科学成就之中,只知道满足单纯的物质欲求,忽视了作为人最根本的欲求是成为什么样的人,其他欲求都建立在这个基础之上。在这样的背景下,人们盲目地以为自己掌握了实现自身的最佳方式,以为自己就是真理的代言人,进而试图将自身所持有的观点推及社会的每一处角落。在奥尔特加看来,"我们这个时代的典型特征就是,平庸的心智尽管知道自己是平庸的,却理直气壮地要求平庸的权利,并把它强加于自己触角所及的一切地方"②。他将这一社会现象称为"大众的反叛"。现象学对社会科学的反思不仅仅是要对社会科学做出准确的描述,在更深层意义上,现象学也通过这种反思,揭示了人们如何理性地投入生活,实现自身。

---

① 皮亚杰:《发生认识论原理》,王宪钿,等译,商务印书馆1997年版,第106页。
② 奥尔特加·加塞特:《大众的反叛》,刘训练,佟德志译,吉林人民出版社2004年版,第9页。

第七章 对可能质疑的回应

我们以现象学为立场对社会科学的反思到此形成了一些基本结论,但基于本书第一章就提出的对现象学把握的困难,特别是对社会本身认识的冲突,一定会存在着一些对本书观点的质疑,我们在此提出一定的回应。此外,借助奥尔特加对技术的分析,揭示当代社会的基本特征,因为这是理解社会科学的一个关键之处。

第一节 现象学介入社会科学的质疑及回应

这里所讲的质疑,与其说是对现象学社会科学哲学的可能质疑,不如说是对现象学的质疑。其中最有代表性的莫过于爱莲心。在他看来,胡塞尔虽然做出了现象学领域的重要贡献,却也留下了许多导致谬误的误导性论证,在其著作《未来的形而上学》一书中,中文译者将之翻译为"胡塞尔的一些熏青鱼"。第一号熏青鱼就是意识的意向性,此外还包括其他精神的实在,先验自我以及外在世界的证明等。

正如爱莲心所讲:"胡塞尔在开创现象学领域方面取得极大迈进的同时,也在其身后留下了一串熏青鱼。这些熏青鱼已经引导了那些希望追随胡塞尔轨迹的人们更加远离现象学,而不是让他们更加靠近现象学。"① 我们虽然认为本书是坚持现象学立场的研究,但确实就这里所提到的比如先验自我等问题及外在实际的证明问题上,和胡塞尔有相当大的差异。看上去正像爱莲心所讲的希望追随实际却更加远离。当然回顾前文不难发现不尽然如此,我们不愿意也不应该照搬胡塞尔或者哪位著名现象学家的观点,现象学精神或现象学态度的坚持才是我们认可的。但本书第二章首先就用意向性来确立现象学社会科学哲学的可能,因此,对于第一号的熏青鱼,显然不能不给予回应。

我们不得不大段引用爱莲心对胡塞尔意向性的批判:"最适合用以作为开端的

---

① 爱莲心:《未来的形而上学》,余日昌译,江苏人民出版社2012年版,第155页。

是那最受人们欢呼和珍爱的现象学术语,按照胡塞尔的说法就是'所有意识都是有意向的或者每一种意识都是一些事情的一种意识'。这是一种反映秩序的混淆。在一个反映的意识中,人们具有一种先前意识的意识。但这是一种特殊的秩序。每一种反映的意识并不是一种意识。如接下去讨论的那样,一种意识完全只具有它自己而不具有任何他者。先前的意识从来就不是人们自己能够意识到的。"①最终爱莲心认为:"看来,意识也许是有意向的。但是,这是一种逻辑演绎而不是一种现象学意识。意识从来不具有,它仅仅是。例如如果说没有一个对象便不存在一种意识,人们就会将那种装扮为一个像在真实性中存在真意识的似是而非的意识,仅仅归结为一种关于(意识'必须'像那样的)意识'形态'的不言而喻的演绎。有意向的意识是一种作为论据的现象学事实,这一点一定不会被人们假定。去断言意识有意向并不是在提供一个意识的纯粹描述,它只是提供了一个意识的理论形态。同时,意识不仅仅总是拥有一个对象——它从来就不曾拥有。意识总是无对象的。意识的任何对象都是一个已经经历过的先前意识的一种逻辑形态。现象学的内省提供了意识总是并且唯一不可分离的证明。"②从这两段话中,我们可以发现,爱莲心实际否定的不是意识的意向性,如文中所说,"意识或许是有意向的"。问题在于,意识的意向性在这里成为一个理论建构结果,因而成为某种意义上的形而上学条件,这是他所反对的。爱莲心关键论证在于,意识总是自身而不具有他者,意识是不可分离的。但对我们而言,意识的不可分离或许是一个事实,或者不是,这都不影响意向性的确立。事实上意向性如爱莲心所认为的那样,确实就是一个理论建构产物,但我们不认同的是,作为理论建构的意向性与现象学彻底的批判性之间存在着绝对的对立。因为即使意识本身不可分离,但我们人类有限的认识能力从认识的角度入手将其做了分离,因此意向性实际要处理的就是我们的体验与我们体验的对象的统一。

一定意义上,爱莲心恰好是胡塞尔首先反对的一种对意向性的客观主义解释。在此基础上,我们坚持认为胡塞尔提供的意向性概念足以提供我们开展现象学社会科学哲学研究的可能条件。哪怕这样的坚持或许会被称为一种现象学的价值涉

---

① 爱莲心:《未来的形而上学》,余日昌译,江苏人民出版社2012年版,第156页。
② 爱莲心:《未来的形而上学》,余日昌译,江苏人民出版社2012年版,第157页。

第七章 对可能质疑的回应

入,至少现象学可以对自身的价值涉入做进一步反思。在第五章关于整体与部分的讨论在某种意义上可以回应这种质疑。人或者人的语言能力是我们可以抽象地处理那些本来不能从整体上分离下来的要素,是人的认识能力所决定的,只不过这个认识能力一方面是有限性的表现,但另一方面也是认识可能性的表现。

另外一位我们必须提及的对现象学进行批判的是马里奥·邦格。"总之,现象学对于社会研究曾做出过以下贡献:令人费解的、自命不凡的术语行话,缺乏严谨性、主观主义,蔑视经验研究,以它们的社会背景和历史背景为代价,仅对日常生活中不重要的细枝末节感兴趣。这在常人方法论中尤其明显。最后,现象学的重要产物——存在主义,是几乎不能被分析的,因为它是非理性主义者的废话坑。让读者自己从以下样品中进行判断,摘自海德格尔献给他老师胡塞尔的著名的《存在与时间》关于人类存在或者此在(dasein):'此在之存在说的是:先行于自身已经在(世)的存在就是寓于(世内照面的存在者)的存在'。关于时间:'时间源始地作为时间性的到时存在;作为这种到时,时间使操心的结构之建制成为可能'。我对任何人能弄明白这些文字游戏的意思,或者甚至把它们翻译成可理解的德语表示质疑。这不是普通的垃圾,它是不可回收的学术垃圾。"①

这当然是极为严厉的一种批判。但任何进行哲学研究的人,包括马里奥·邦格自己,都得面对海德格尔的思想来做出回应,这一事实本身已能够说明它显然不是"学术垃圾"。当然这样的说法也很可能会被批判,没有就问题本身论证。因此就马里奥·邦格的批判而言,现象学确实存在如他所批判的那样令人费解的问题,但现象学不论是胡塞尔还是海德格尔等人,对意识、时间、存在和生活世界的分析都是创造性的。因此或许后来者也确实是在一种不可能的阅读中展开了自己的理解,如马里奥·邦格所说:"胡塞尔是如此晦涩以至于可以用几乎任何一种他的学生和译者喜欢的方式来解释他。"②但毕竟事实上激发了人们依赖现象学开展现象学反思的兴趣。另一方面,如我们在第一章中谈到的,今日社会科学领域的众多学者一再回到现象学,并使用现象学所开创的词汇来作为自身研究的基本立场和关键概念,这一事实也说明了现象学重要之处。

---

① 马里奥·邦格:《在社会科学中发现哲学》,吴朋飞译,科学出版社 2018 年版,第 329 页。
② 马里奥·邦格:《在社会科学中发现哲学》,吴朋飞译,科学出版社 2018 年版,第 326 页。

相比之下，伯恩斯坦对现象学的认识则更容易被我们接受。"对于现象学所能成就的我并不想去低估或诋毁。且仍然有许多是要从中学习的，例如，从集中营或精神病院中面对面地进行互动的现象学分析。但是我确实坚持一种纯粹的现象学规避了对不同形式的社会政治实在的明确批判性评估。或者更准确地说，当现象学者做出此类评判时（由于他们不可避免地得这么做），他们因为不当地引介他们自己的基本价值和规范——价值和规范在现象学分析本身中似乎没有任何基础——而违背了他们最基本的方法论原则。尽管这样的分析也许会揭露这种规范是如何构成的，但现象学缺乏对这些规范进行理性评判的智识资源。"①从现象学到社会科学，不可避免地存在着很多问题，但基于前文的论述，我们始终坚持，现象学依然有它独特的价值，值得我们保持高度的关注并深入研究，挖掘现象学的智识资源。

第二节 从技术到社会与人

当今社会是一个技术的社会，人们生存于其中须臾离不开技术产品，以至于以为这一切都是自然赋予的。现代技术以机械化大生产为代表使平庸的心智走到社会舞台中央并试图推而广之。奥尔特加在并不很多的论述中以存在主义为基础，把技术与人的生存相联系，指出技术成为人实现自身存在的筹划，但同时技术也使人被遮蔽起来，使社会陷入了困境。现象学的社会科学哲学如果不能就此提出自身认识，那么很难说明它相比实证主义和诠释学的优势到底在何处。

奥尔特加以敏锐的洞察力在二十世纪初期就认识到技术与人的存在之间的深刻关系，以及由此而来的现代社会的典型特征。但正如《大众的反叛》一书的中译者引言中所讲的："他在中国学术界和思想界却长期没有引起足够的重视，这不能不说是一件憾事。"直到今日我们依然对这位来自西班牙的被加缪称作"尼采之后欧洲最伟大的哲学家"——奥尔特加·加塞特（又译奥特加、敖德嘉及奥尔托加）缺乏必要的了解。奥尔特加是位多产的作家，其作品广泛涉足哲学、教育、文艺、政治

---

① R.伯恩斯坦：《社会政治理论的重构》，黄瑞祺译，译林出版社2008年版，第221页。

第七章 对可能质疑的回应

等多个领域。单就对技术的认识而言,米切姆曾说奥尔特加是"谈技术问题的第一个职业哲学家"①。

一、人的需求——理解技术的关键

奥尔特加对于技术的认识是奠基于现象学与存在论基础之上的。因此在伊德看来,奥尔特加同海德格尔等人共同开创了技术哲学中的人文传统②。奥尔特加强调"我就是我加上我的环境",对人的认识如此,对技术的认识也同样如此。如果孤立地看待技术必然会得出十分荒谬的结论,应当把技术放入"完整的生存境遇",把技术与人的生存结合才能真正理解技术是什么。

为了追寻对技术的清晰认识,奥尔特加从人们习以为常的小事开始追问:我们每个人都能体验到对"活"的渴求,然而简单的一句"自保本能"远远不能解释。对"活"的渴求使人类产生了如"进食""取暖"等各种需求,也就是说只有当生存本身是必须时,作为生存所需的"进食""取暖"等才是必需的。因此奥尔特加认为"生存是原初性的需求,其他需求只不过是随这一原初性需求而来的"③。但生存作为"需中之需",作为"根本性需求"并不具有客观上绝对的必需,它只是人主观的决定活着而已。

当需求与本质上有问题的人的存在相结合后,我们才能认识到需求自身的价值。在奥尔特加看来,"当需求这个概念与人相联系时,我们将其理解为人为了生存而发现的被加于他自身的众多外部条件"④。它是在世界之中的人与世界不尽重合的结果。可人对于活着的渴求是如此地强烈,以至于人能够在自然没有提供必要维生手段的情况下,自行去实现一系列活动,创造自然所没有的东西来实现生存。正是在这个意义上,奥尔特加把人的活动分为两种,第一种活动即类似"进食""取暖"等直接性维生需求的活动。第二种活动则是人在接受自然加于其自身的众多外部条件时所采取的对自然的改造。只有在第二种活动的基础上,需求这个概

---

① 米切姆:《技术哲学概论》,殷登祥译,天津科学技术出版社1999年版,第23页。
② Don Ihde. *Philosophy of Technology*, see: Pkemp. World and Worldhood. Springer, 2004, p91-103.
③ Ortega Y Gasset. *Toward a Philosophy of History*. New York: W. W. Norton & Company. Inc, 1941, p91.
④ Ortega Y Gasset. *Toward a Philosophy of History*. New York: W. W. Norton & Company. Inc, 1941, p93.

念对于人而言才是必要的,因为人与其他存在的不同就体现在对客观条件的不同回应上。而人强加于自然的改造活动就是所谓的"技术行为",技术由此被定义为"人通过满足他的需求而导致的对自然的改造"①。

但仅仅把技术定义为满足需求而对自然的改造还是十分粗略的,技术作为对自然的反作用,它反映的主要是作为技术主体的人的自主活动,而很明显前面关于技术还只是对"生物性需求的反应",因此,奥尔特加展开对需求的进一步追问。因为人在只是满足直接的维生性需求方面与动物并无不同,能使人显现出其特殊性的恰好是他一开始就具有非维生性需求,由此他认为技术是生产"多余的东西"。

奥尔特加列举了一些实例,例如火的发明,其目的不一定就是为了取暖避寒,因为有些原始部落在地洞里生火是让人大量发汗,在烟气和高温中沉入近乎酒醉的癫狂恍惚,由此可见生火或许可能是为了致醉而得到类似药物的致幻作用。他认为这些事实完全可以表明:人不只有维持生存的需求,同时还有"精神愉悦"的需求。"看来从一开始,'人的需求'这个概念就同时包含着客观上必需的东西和客观上多余的东西。"②由此,奥尔特加认为人渴求的不是"活着",而是"活得好"。

前面提到的关于人类活动的两种划分事实上也在此处得到了更为细致的说明。在没有谈到人渴求"活得好"而非"活着"时,两类活动好像都是处于同一目的即维持生存,这就不能说明技术为什么对人来讲是必然的。而肯定了"活得好",明显体现出第一种活动是人对环境的适应,第二种活动则是使环境适应人,人与动物的区别才真正反映出来,那就是"人最基本的需求是活得好而非活着,这才是需中之需"③。而技术就是"生产多余的东西"。

活得好与生产多余东西的技术至此好像已经直接联系到一起,以至于我们陷入了对技术的迷信,以为技术的进步是必然的,而技术进步又一定会推动人们的需求得到全面的满足。然而,奥尔特加直接指出,"最好别把技术看成是一种确定无

---

① Ortega Y Gasset. *Toward a Philosophy of History*. New York: W. W. Norton & Company. Inc, 1941, p95.

② Ortega Y Gasset. *Toward a philosophy of history*. New York: W. W. Norton & Company. Inc, 1941, p98.

③ Ortega Y Gasset. *Toward a Philosophy of History*. New York: W. W. Norton & Company. Inc, 1941, p99.

第七章　对可能质疑的回应

疑的、在人掌控中的不变的实在"①。他进而指出,陷入对技术进步迷信的原因在于将技术性的发明当作了技术本身,忽视了技术的一般性特征。

奥尔特加认为,"技术行为不是我们赖以直接满足需求(不论是基本的自然需求,还是明显多余的需求)的行为,而是一旦发明就可以按之行事,从而使我们尽可能费最少的劲来满足需求,还能提供超越'人的自然性'的全新可能性(航海、飞行、电话交流等等)"②。由此可见,技术只是提供一种计划,一种可能性。而问题在于技术所取得的成就是如此令人瞩目,当人们陷入历史上技术性发明所取得的最大成就时,就把这些成就当作了技术本身,以为技术是对人的需求的直接实现。这种错误的观点忽视了技术一般性的特征,即技术是"为省劲而费的劲",它容易使人产生对技术进步的迷信,以为技术总是进步的,而进步的技术又可以解决一切现实问题。奥尔特加抓住了技术是为省劲而费的劲这一关键点,进一步追问:既然技术是为省劲,那么省下来的劲要做什么? 而这个问题是关系到能否认识技术本质的关键问题。通过这个问题,奥尔特加最终认为还是要回到人的生存上来解答,这也正是其思想深刻之处。

作为一名存在主义的哲学家,奥尔特加认为人活着总是"处身于某个世界之中"。所谓"处身于世界之中"首先肯定了世界与人同质的一面,人总是存在于世界之中,其次还指出了人不同于其他自然物的一面,即人能自我觉察到其与世界的不完全同一。因此,他说:"我们同时被便利和困难所包围这一基本现象可以被当作是人类独特的存在论特征……人的生存不是被动地存在于世,而是无休止地奋争以使自己适于生存其中……他被给予的是抽象的存在的可能性,而不是现实的存在。"③

"对人而言,存在并不意味着当下如他所是而存在,而仅仅是说存在着一种实

---

①　Ortega Y Gasset. *Toward a Philosophy of History*. New York:W. W. Norton & Company. Inc, 1941,p104.

②　Ortega Y Gasset. *Toward a Philosophy of History*. New York:W. W. Norton & Company. Inc, 1941,p106.

③　Ortega Y Gasset. *Toward a Philosophy of History*. New York:W. W. Norton & Company. Inc, 1941,p110-111.

现它的可能性以及朝向其实现的努力。"①奥尔特加指出,人的生存"是创造",技术作为为省劲而费的劲为人在世界中建立其"超世界的存在"提供了可能,随着人们实现自身存在而去计划、去行动,技术也就随之成为人对实现自身存在的筹划。

我们看到技术从人通过满足他的需求而强加于对自然的改造,到生产多余的东西、为费劲而省的劲,到最后技术作为人实现自身的筹划,技术已经就其本质得到了揭示。但奥尔特加认为以上对技术的理解只是说明了人具有技术的能力,还不足以说明为什么技术会存在。因此,他认为有必要回到技术发展的具体历程中去考察。

二、从偶然性技术到技师技术——技术的演变

一般而言,人们对技术发展的分期大都根据重大技术发明来划分,但奥尔特加认为这种观念正是他竭力反对的,因为它反映出人们对一般性技术与技术发明的混淆,实则使技术被遮蔽起来。奥尔特加认为:"为技术演化各阶段划界的最佳原则是人与技术之间的关系;换句话说,是人对技术——不是对这种或那种特殊技术,而是一般性的技术功能——所持有的观念。"②据此,他将技术演化分为三个阶段:偶然性技术、手艺人技术、技师技术。

(一)偶然性技术

对于早期人类而言,其生存活动与动物没有太大的差异,一些少量简单的技术行为无限接近于自然行为,而且这些技术行为由于其简单性基本上是所有人都能操作的。这就意味着这一阶段的技术行为普遍存在于日常生活中,很难将其与自然行为相区别,也就更不可能发生对技术的自我意识,技术并不是如今日一样成为人实现自身欲求的"一种无限可变、可发展的手段"。相反,技术是其在日常活动中,无意识的、纯属偶然的发现。也正是在这个意义上,奥尔特加将其称为"偶然性技术",并认为主要是史前人类和当代未开化族群的原始技术。

奥尔特加还是以火为例对偶然性技术的出现以及原始技术与巫术等做了说明。原始人可能在自己的某种行动中无意间得到了火,而这个过程是他所不清楚

---

① Ortega Y Gasset. *Toward a Philosophy of History*. New York:W. W. Norton & Company. Inc,1941,p115.

② Ortega Y Gasset. *Toward a Philosophy of History*. New York:W. W. Norton & Company. Inc,1941,p141.

的,出于对自然的敬畏,原始人可能会觉得这是自然对他的一种恩赐或者启示,因此对火充满了一种原始的宗教敬畏,而火一向被人视作神一般的力量也说明了这一点。事实上,这种敬畏可能逐渐演变为一种巫术。不只是生火,其他很多技术的偶然发现,都可能被原始人视作是自然把自身力量赐予人类的,技术这种发现并不能被原始人当作是自身的发现。这一阶段,技术还没有摆脱自然行为的特点使其不可能得到充分的展现,技术对人的生存而言还没有体现出超自然的变革,但却有利于我们从人类最基础的生存需求看待技术,这在一个侧面说明了对技术演变进行探讨的必要性。

(二) 手艺人技术

随着社会的发展,特别是社会阶层的分化,人的非维持生存的欲求得到了很大程度的释放,而这个过程同时也是技术在为满足这些欲求提供可能的过程,更是推动人的欲求变化的过程。技术行为由此有了量的大幅增长,而具体技术行为复杂性的提高也促使技术行为被逐渐集中于某些特定人群,他们以技术的传承为连接建立了不同于其他群体的行动规范,形成了我们所了解的行会制度。而这些具有特殊本领的群体就被称作手艺人或工匠。在奥尔特加看来,手艺人的出现代表技术走入了第二阶段,称之为手艺人技术,他还明确指出这一阶段主要"包括希腊技术、前帝国时期的罗马技术以及中世纪的技术"①。

与前一阶段相比,在手艺人技术所代表的历史时期,技术行为不只在量和复杂性上有很大的增长,而且技术还被视为是属于手艺人这一特殊群体的天赋,显然技术不再是所有人都能具有的行为能力,这样的变化应该有助于我们对技术形成独立的认识,然而事实并非如此。奥尔特加从两个方面说明了为什么在手艺人技术时期,技术仍然被遮蔽着。其一,手艺人特殊的传承方式,使得进入手艺人门槛的活动者必须严格遵守该行业已确立的规范,如果出现重大变革反倒可能被视作对规范的违背而不是发展。技术在这样的条件下要想体现出"发明创造"而不是自然行为显然是极其困难的。其二,技术与"从事技术的人"以及技术实施是一体的,也就是说,技术还是没有完全脱离人的自然活动。因此技术作为具有无限可变的、独

---

① Ortega Y Gasset. *Toward a Philosophy of History*. New York: W. W. Norton & Company. Inc, 1941, p145.

立发展的活动还不能被充分揭示。

（三）技师技术

技师技术是随着机器的诞生特别是大规模机械化生产的实现,随着技师与工人即技术与技术实施的分裂开始的。奥尔特加以1825年罗伯特组装纺织机为界认为开始了技术演变的第三个阶段。

在奥尔特加看来,这个阶段人们可以对技术真相得出某些认识的主要原因有三个:第一,技术行为和技术成就数量上获得极大的增长,人们生活在技术成就之中,以至于脱离了技术无法想象如何生存,人们不再满足于适应自然而是在超自然世界中生存。第二,人在自然与自己之间插入了技术所形成的超自然世界,在这一人工世界中,技术的非自然化得到了十足的体现。第三,机械化生产或者说自动化生产使工人和技师分离。在技术面前,机器成为主体,人反过来服务于机器,"机器在这一阶段终于显示出:技术是一种高度独立于'自然人'的功能,远远超出为人设定的界限"①。

如奥尔特加所说"要洞察现代技术的特征,最好有意识地将其剪影放到'整个人类技术的过去'的背景中"②。从上述三个技术演变的阶段,不难发现,只有到了第三个阶段即技师技术阶段,技术的无限创造性才得到了体现,技术成为一种独立的活动形式,"它不是这种或那种特定的技艺,而正是原则上没有限制的人类活动的源泉"③。

奥尔特加对技术的分析深刻之处不仅仅体现在技术本身,更多地反映在他对社会的批判上。现代技术无限性并不能保证技术总是朝着人们希望的方向前进,它更不可能成为解决社会问题的法宝。相反,当今社会存在的最大的问题恰好是现代技术带来的。

三、大众的反叛——技术的社会影响

奥尔特加对技术的深刻洞见,并没有掩盖他所真正关注的问题,那就是人的生

---

① Ortega Y Gasset. *Toward a Philosophy of History*. New York:W. W. Norton & Company. Inc, 1941,p149.

② Ortega Y Gasset. *Toward a Philosophy of History*. New York:W. W. Norton & Company. Inc, 1941,p139.

③ Ortega Y Gasset. *Toward a Philosophy of History*. New York:W. W. Norton & Company. Inc, 1941,p150.

第七章 对可能质疑的回应

存。在他看来,技术尽管是人实现自身存在的筹划,但它对于人而言还是外在的,他对技术的分析是为认识人的生存服务的。"当生命规划变动暗淡模糊,技术——不知道服务于谁、服务于什么目的——便可能停步或倒退。"① 而现代技术因其无限的可能性,使得人丧失了自己试图成为什么样的人的清晰认识,因此我们的时代是"最技术化的时代,也是人类历史上最空虚的时代"。②

(一) 大众的产生

奥尔特加认为,我们这一时代有一个不同于以往历史的现象,就是"大众开始占据最高社会权利"。他将这一社会现象称为"大众的反叛",所以叫反叛更多的不是大众占据权利而是因为他们本无力把握自身个人生活,现在却试图统治社会。我们在第六章已经提到,奥尔特加讲:"我们这个时代的典型特征就是,平庸的心智尽管知道自己是平庸的,却理直气壮地要求平庸的权利,并把它强加于自己触角所及的一切地方。"③在这里必须强调奥尔特加关于大众的概念,他认为,"社会总是由两部分人——少数精英与大众——所构成的一种动态平衡","少数精英并不是指那些自以为高人一等的人,而是指那些对自己提出更高要求的人……",而大众则属于另外一种类型:对自己放任自流,他们认为"生活总是处在既定的状态之中,没有必要做出任何改善的努力"。④ 因此,当平庸的大众妄图把平庸推广到社会一切范围时,在奥尔特加看来这是一种野蛮主义。

难得的是,奥尔特加没有因此肆意批判大众,而是认真分析了大众所得以形成的根源。他认为对于现实出现的大众统治应该采取的态度不是完全的批判也同样不应该是不加批判的乐观接受。人类社会被大众所统治的现实奠基于三项原则,即"自由民主政体、科学实验和工业制度,而后两项原则可以合并为一个词:技术"⑤。技术的进步带动了人们生活水平的提高、人们心智的开放。大众的统治在一定程度上或许能达到以往精英统治的水平,忽视这些进步就不能准确认识大众

---

① Ortega Y Gasset. *Toward a Philosophy of History*. New York: W. W. Norton & Company. Inc, 1941, p121.

② Ortega Y Gasset. *Toward a Philosophy of History*. New York: W. W. Norton & Company. Inc, 1941, p151.

③ 奥尔特加·加塞特:《大众的反叛》,刘训练,佟德志译,吉林人民出版社 2004 年版,第 9 页。

④ 奥尔特加·加塞特:《大众的反叛》,刘训练,佟德志译,吉林人民出版社 2004 年版,第 7 页。

⑤ 奥尔特加·加塞特:《大众的反叛》,刘训练,佟德志译,吉林人民出版社 2004 年版,第 50 页。

统治这一现代特征。但同样应该注意的是,当科学技术推动社会大步向前时,人们以为这一切是自然给予的,而失去了内心的敬畏,认为一切理所当然,进而失去了开放的心智。因此,奥尔特加说大众的反叛根源是"心灵的闭塞"。正是基于这样的认识,奥尔特加进一步指出大众的心理基本特征:"一方面,生命欲望的自由膨胀,亦即个人自由的伸张;另一方面,他们却对使之生活得以安逸休闲的造福者丝毫不存感激之情。"①

(二)大众的原型——科技人

二十世纪初期的欧洲社会动荡,但科学技术却高速发展。在这样的背景下,人们对现代技术所引导的社会文明产生了不同的看法,以斯宾格勒为代表的部分学者认为,这个时代是技术进步的时代,更是文明的时代,技术具有独立的发展潜能,这种观点代表了一种技术乐观主义。但在历史观上曾深受斯宾格勒影响的奥尔特加却看到了所谓技术文明可能的消极影响,他指出现代技术固然使人类生存具有了无限的可能性,但也正是因为这个原因,遮蔽了生存状态,人们迷惘于技术成就之中,只知道满足单纯的物质欲求,忽视了作为人最根本的欲求是成为什么样的人,其他欲求都建立在这个基础之上。

奥尔特加批判了以斯宾格勒为代表的观点,即认为我们所处的时代是奠基在技术进步之上不可怀疑的、稳定不变的文明时代。在他看来,"当前的科技人员正是大众人之原型"②。专业化的发展是科技人员具有某些别人所没有的知识,但除此之外他们对任何事物都一无了解。这与大众的心智完全符合,而以这样的科技为基础的现代文明的稳定性显然值得怀疑。事实上,奥尔特加对技术与社会进行历史分析实际在其后的历史事件中得到了反映和证实,这一事实也被人所肯定。现代技术割裂了人与其自身的永恒价值。面对这样的状况,奥尔特加提出了一种典型的存在主义观点:"生活就是投入,每时每刻都投入,且早就让自己给投入了。"③在他看来,投入生活去实现具体的可能性才能避免平庸的生命。

(三)一个批评——奥尔特加假说

然而,奥尔特加对大众人原型即科技人的分析却遭到了一些学者的误解,美国

---

① 奥尔特加·加塞特:《大众的反叛》,刘训练,佟德志译,吉林人民出版社2004年版,第52页。
② 奥尔特加·加塞特:《大众的反叛》,刘训练,佟德志译,吉林人民出版社2004年版,第105页。
③ 何·奥·加塞尔:《什么是哲学》,商梓书译,商务印书馆1994年版,第133页。

第七章 对可能质疑的回应

科学社会学领域的科尔兄弟就在《科学界的社会分层》一书中,抓住奥尔特加对现代社会中科技人的实然描述,认为:"在过去,科学史家和科学哲学家把科学的发展大部分归功于普通科学家的工作,有人认为是这些科学家的小小'发现'为天才——伟大的发现者们——铺平了道路。很多材料都维护这个假设。但是最为透彻的莫过于奥尔特加的看法了。"①他们将这样一种观点称为"奥尔特加假说",并做了重要的批判。

事实上,科尔兄弟对奥尔特加的误解原因在于他们没有把握到奥尔特加在两个不同层面上对科技人的认识,由此没有注意到他们所批判的在某种程度上也正是奥尔特加所要批判的。奥尔特加对科技人的分析一方面站在现代社会的实际发展上,指出作为大众人原型的科技人占据了主要地位,但另一方面也是他所强调的则是科技人是人与自身价值分离的代表,是人类心智闭锁的代表。也就是说,恰好在这一点上奥尔特加与科尔兄弟站在了同一立场之上。科尔兄弟的这一误解使我们更加认识到奥尔特加抓住人的需求,认识到技术作为人实现自身的筹划对于深刻把握社会的重要意义。

"技术被当作了人朝向理想世界努力使得自身超脱于自然的结果"一语明确道出奥尔特加对技术的认识。但就更深刻的理解而言,米切姆的表述更为准确,他根据奥尔特加的观点推论说:"现代技术表现出一种超越个人的近乎自主的特征。……技术的问题不在于它的可能应用,而在于他对世界产生的历史影响,而这是不受任何具体的使用或使用者支配的。"②奥尔特加将技术的本质和现代技术的影响与人类命运相结合,从对技术本身的分析到对社会的认识,批判了奠基于现代技术基础上的平庸大众及其野蛮行径,清晰地揭示了现代文明的危机所在,即人类较之以前历史时期掌握了丰富的材料和创造力,但也正是因为如此,技术使人忽视了对自然或世界的敬畏,以致人类心智被闭锁。

借助奥尔特加的分析,现象学的社会科学哲学所直面的社会基本性质和人的生存状态清晰地显现出来。它不仅仅是二十世纪三十年代也就是奥尔特加所处年代的问题,实际在今天随着大数据等新型网络技术的应用,平庸的特征更加明显。

---

① 乔纳森·科尔,斯蒂芬·科尔:《科学界的社会分层》,赵佳苓,等译,华夏出版社1989年版,第234页。
② 米切姆:《技术哲学概论》,殷登祥译,天津科学技术出版社1999年版,第7页。

但前文所有表述都足以清晰地反映出,一种现象学的立场必然以自我的完善为核心,也就是说,自我以理性为导向和规范,要以跳出社会的平庸化约束,实现自身。社会科学因此可以作为一个特定方式,提供我们对社会再理解的可能。当社会科学不仅可以就社会与人提出独特理解,也可以对社会中重要内容如科学、技术言说自身认识时,意味着社会、人以及自然科学乃至科学都可以成为社会科学的对象。由此社会科学的独特性得到彰显,也进一步表现现象学的社会科学提高带给我们的重要突破。

结　语

如海德格尔所言,即使在现象学研究内部,对现象学的性质、任务等都没有一个统一的认识,更别说试图将其引向具体问题了。那么作为现代哲学两大分支之一的现象学到底意味着什么? 现象学这样一种纯粹哲学,能为社会科学哲学带来什么,或者能为理解社会科学提供点什么? 这是引发本书思考的主要原因,也是本书力图回应的核心问题。

劳伦斯·纽曼曾提出:"当哲学家争论不休之际,社会研究者并未就此停顿下来。实际的研究者根据他们对科学所持有的非正式概念各自发展了进行研究的方法。这使得局面更加混乱。居于领导地位的研究者使用具体技术开展社会研究,这有时会偏离了哲学家所谓'好科学'的理性模型。"①这毫无疑问是一个事实,也是构成现象学反思的困难之一,因为现象学的反思必须从自然态度下的社会科学入手,上升到现象学态度展开。

当社会科学乃至科学陷入一种悖谬即对主体的高扬与背弃时,现象学三大发现之一的意向性为我们提供了介入社会科学哲学领域的可能性。基于现象学彻底的批判精神以及对自己和所属文化的负责任态度,我们如实地把握社会科学所展现给我们的一切现象。结合劳伦斯·纽曼在《社会研究方法:定性和定量的取向》一书中曾就社会科学研究的三大取向做过的细致分析,特别是他整理的八个问题:(1) 为什么要进行社会科学研究,(2) 社会现实的基本特征是什么(本体论的问题),(3) 什么是人类的基本特征,(4) 科学与常识之间的关系是什么,(5) 有哪些因素构成了对社会现实的解释或理论,(6) 如何确定一个解释是对还是错,(7) 什么才算是好的证据,事实信息是什么样的,(8) 社会政治价值从哪一点上介入了科学,我们就社会科学提出了一点看法,并认为一种现象学的社会科学应该具备以下几个基本特征。

---

① 劳伦斯·纽曼:《社会研究方法:定性和定量的取向》,郝大海译,中国人民大学出版社 2007 年版,第 98 页。

1. 现象学的社会科学一定是意向性的。意向性首先将传统社会科学认识中无主体的困境及原因突出地显现出来,说明了这是当今社会科学发展必然要面对的问题。更进一步地意向性还表明了现象学何以能够实现对社会科学理解的新的突破,它为现象学介入社会科学提供了可能性,并将科学与主体、自我和理性连接起来,既保证了现象学的基本立场,还实现了认识前提的突破。时间研究是现象学社会科学哲学的真正开始。内时间意识不仅说明了意向性的根基问题,还特别影响到社会科学的认识框架的重建。同时,通过对内时间意识的分析,我们说明了在纷繁复杂的多样的现象中同一如何可以被构建出来,以及它如何鲜明地将人的超越本质体现出来,最终导向我们如何在人的超越本质中理解社会科学。

2. 关于为什么要进行社会科学研究,实证主义者认为:"研究的终极目标是得到科学解释——发现与记录人类行为的普遍法则。另外一个重要的原因是为了了解世界运作的模式,这样人们才能控制或预测事件的发生……一旦人们发现支配人类生活的法则,就可用来改变社会关系、改进做事方法并且预测将要发生的事。"[①]诠释学立场则认为:"社会研究的目的是发展对社会生活的理解,以及发现在自然环境下的人们如何建构出意义。诠释研究者想知道,对被研究者而言,什么是有意义的,什么是他们所关心的,或是个人如何体验日常生活。"[②]对于批判主义而言,"批判研究的目的是改变世界。批判研究者进行研究以批判和改变社会关系。他们达到这一目的的方式是通过揭开社会关系的基本来源赋予人们力量,特别是赋予那些不太有权力的人力量"[③]。

现象学的社会科学哲学则认为,与社会科学中的自然主义关注普遍必然规律不同,现象学不会去关注某种预测、控制的行为,而是希望在可能性中获得有关对象以及同时是自我的意义和价值。社会科学与自然科学在对象层次的不同,是我们得以谈论二者的前提条件,这种区分是研究的需要,但与社会科学的科学性无关。在方法上,不存在一种所谓本质上属于社会科学的方法,任何方法,不论它是

---

① 劳伦斯·纽曼:《社会研究方法:定性和定量的取向》,郝大海译,中国人民大学出版社 2007 年版,第 91 页。

② 劳伦斯·纽曼:《社会研究方法:定性和定量的取向》,郝大海译,中国人民大学出版社 2007 年版,第 98 页。

③ 劳伦斯·纽曼:《社会研究方法:定性和定量的取向》,郝大海译,中国人民大学出版社 2007 年版,第 105 页。

解释的还是理解的,都可以用于社会科学研究,只要能增进我们对对象的认识即可。

3. 关于人类和社会现实的基本特征,实证主义如前文所述,坚持人类是追求利益最大化的理性个体,社会与自然一样真实地作为对象存在。当然,实证主义以此为立场认为社会包括人类自身可以寻求一种因果性解释。诠释学立场则主张人"置身于一个通过社会互动创造的灵活的意义体系过程中",社会是"由进行互动的社会人有目的的行动刻意创造的结果"。批判主义则认为人是有待实现的个体,人的实现受到社会力量的控制。社会由类似实证主义那样的现实的在那的预设,但也认为社会是一个历史变化的过程。

我们认为现象学的观念某种意义上类似于批判主义立场,但也有根本性的不同。社会科学更加注重在普遍必然基础之上的个体,在这个意义上,社会科学就其表现形式而言,可以更接近于哲学而不是自然科学。社会科学关心的最基础的问题只能是自我的实现问题。人类所能取得的可能本质或者说所能达到的较高的本质依赖于理性自身的运动,理性是人类自我实现的本质部分,因此自我的实现也就是理性的运动过程。

4. 现象学态度下主体对社会科学的介入,为评价一个好的社会科学提出了不同的标准。在实证主义那里,强调的是知识的客观标准,"认为冰冷的、可观察的事实从根本上与概念、价值或理论不同。经验事实存在于个人的观念或思想之外"[①]。而诠释学立场则兼具客观标准和主观标准,更多地认为"特定情境与意义的独特性是了解社会意义的基础"。与二者不同,现象学对理论的评价出发点是人的自我筹划的实现,也就是说,它不再追问主体的进入如何影响理论的评价,而是认为评价本身必须是关涉主体的。它将客观标准内含到自我的实现中,最典型的例子就是社会科学理论自反性带来的客观性。

5. 与强调科学划界的传统认识不同,现象学态度对科学划界并没有给出明确的答案。在我们的论述中,社会科学的边界从传统的实证主义社会科学,逐渐过渡到一种具有德语系统中的科学概念含义的,即指向对事物的理性探究以及体系化

---

① 劳伦斯·纽曼:《社会研究方法:定性和定量的取向》,郝大海译,中国人民大学出版社2007年版,第95页。

的知识的科学含义。需要说明的是,这种转变不是建立在对实证主义社会科学观的推翻的基础上,它恰恰需要一种经验证实,也就是我们所讲的命题反思来作为前提才是可能的。现象学的社会科学认识意味着对科学概念的扩展。传统意义上的科学只是指向自然科学,由此借自然科学的标准来衡量科学乃至知识。这是历史发展的必然。但随着自然科学标准在社会领域包括人的领域逐步推广,到今天我们越来越认识到就一种研究模式而言,很难如传统科学那样进行所谓自然科学和社会科学的划界,因此出现了自然—社会科学及社会—自然科学等不同表述。这个事实本身说明随着人类对外部世界和社会及自身认识的深化,科学的概念在不断调整。调整是社会科学历史发展的具体表现,更是我们对科学认识的升华。

6. 现象学的批判精神和负责态度,要求社会科学应当正视人类的有限认识能力,因此社会科学的科学性特别体现于它自身的可错性。但现象学绝不代表一种封闭的观点,它对显露真理的把握,能够帮助人们欣赏到在人类自身的本质实现过程中所反映出来的无限多样性,充分说明了社会科学不是为了实现对社会以及人类行为的某种确定的说明。现象学对社会科学的分析,恰恰是要说明我们是为什么并且如何可以成为自己本质和意义的创造者。因此一定程度上,现象学对于社会科学而言,它的价值体现在对意义的重新选择和提供多样的可能性上,当然这也就意味着对人生态度的一种选择。

李幼蒸先生在八卷本《胡塞尔著作集》总序中曾讲到重回胡塞尔的两个原因:一是胡塞尔所代表的人类理论思维的理性主义大方向,在今日全球化商业化物质主义压力下形成的后现代非理性主义时代,凸显了其时代重要性;二是胡塞尔的理性主义实践最彻底地体现了诚学精神,为人类认知事业提供了杰出典范。这也正是本书试图在研究中不断习得的两点精神。可以说现象学与社会科学的这种结合以及二者之间的互相推进是极具研究价值的,并富有新意的。但现象学的多面性和复杂性决定了这个研究是非常困难的,特别是由于本人在相关知识的把握和理解上的不足,说明本研究仅仅是一个开始,它指明了我今后在学术领域发展的基本道路。

参考文献

（一）中文译著部分

[1] （美）R 伯恩斯坦. 社会政治理论的重构[M]. 黄瑞祺, 译. 南京:译林出版社, 2008.

[2] （英）W H 牛顿-史密斯. 科学哲学指南[M]. 成素梅, 殷杰, 译. 上海:上海科技教育出版社, 2006.

[3] （英）W C 丹皮尔. 科学史及其与哲学和宗教的关系[M]. 李衍, 译. 桂林:广西师范大学出版社, 2009.

[4] 爱思唯尔科学哲学手册(人类学与社会学哲学卷)[M]. 尤洋, 译. 北京:北京师范大学出版社, 2015.

[5] （奥）阿尔弗雷德·许茨. 社会实在问题[M]. 霍桂桓, 译. 北京:华夏出版社, 2001.

[6] （奥）阿尔弗雷德·许茨. 社会世界的现象学[M]. 卢岚兰, 译. 台北:久大文化股份有限公司, 1991.

[7] （英）埃莉奥诺拉·蒙图斯基. 社会科学的对象[M]. 祁大为, 译. 北京:科学出版社, 2018.

[8] （美）艾尔·巴比. 社会研究方法[M]. 邱泽奇, 译. 北京:华夏出版社, 2009.

[9] （西）奥尔特加·加塞特. 大众的反叛[M]. 刘训练, 佟德志, 译. 长春:吉林人民出版社, 2004.

[10] （法）保罗·利科. 论现象学流派[M]. 蒋海燕, 译. 南京:南京大学出版社, 2010.

[11] （美）保罗·法伊尔阿本德. 反对方法[M]. 周昌忠, 译. 上海:上海译文出版社, 2007.

[12] （法）贝尔纳·斯蒂格勒. 技术与时间:2. 迷失方向[M]. 赵和平, 印螺, 译. 南京:译林出版社, 2010.

[13] （英）贝尔纳. 历史上的科学[M]. 伍况甫, 等译. 北京:科学出版社, 1981.

[14] (美)彼得·伯格,托马斯·卢克曼.现实的社会构建[M].汪涌,译.北京:北京大学出版社,2009.

[15] (英)彼得·柯文尼,罗杰·海菲尔德.时间之箭[M].江涛,向守平,译.长沙:湖南科学技术出版社,1995.

[16] (英)彼得·温奇.社会科学的观念及其与哲学的关系[M].张庆熊,等译.上海:上海人民出版社,2004.

[17] (美)波林·罗斯诺.后现代主义与社会科学[M].张国清,译.上海:上海译文出版社,1998.

[18] (丹)丹·扎哈维.胡塞尔现象学[M].李忠伟,译.上海:上海译文出版社,2007.

[19] (美)丹尼尔·贝尔.当代西方社会科学[M].范岱年,等译.北京:社会科学文献出版社,1988.

[20] (美)德穆·莫伦.现象学导论(修订版)[M].蔡铮云,译.台北:桂冠图书公司,2005.

[21] (德)狄尔泰.历史理性批判手稿[M].陈锋,译.上海:上海译文出版社,2012.

[22] (德)狄尔泰.历史中的意义[M].艾彦,译.南京:译林出版社,2011.

[23] (法)迪尔凯姆.自杀论[M].冯韵文,译.北京:商务印书馆,2001.

[24] (法)笛卡尔.探求真理的指导原则[M].管震湖,译.北京:商务印书馆,1991.

[25] (德)恩格斯.自然辩证法[M].北京:人民出版社,1984.

[26] (美)弗莱德·R 多迈尔.主体性的黄昏[M].万俊人,译.桂林:广西师范大学出版社,2013.

[27] (法)古尔维奇.社会时间的频谱[M].朱红文,等译.北京:北京师范大学出版社,2010.

[28] (英)哈维·弗格森.现象学社会学[M].刘聪慧,等译.北京:北京大学出版社,2010.

[29] (德)海德格尔.存在与时间[M].陈嘉映,王庆节,译.北京:生活·读书·新知三联书店,2006.

[30] (德)海德格尔.面向思的事情[M].陈小文,等译.北京:商务印书馆,1996.

[31] (德)海德格尔.时间概念史导论[M].欧东明,译.北京:商务印书馆,2009.

[32] (德)海德格尔.现象学之基本问题[M].丁耘,译.上海:上海译文出版社,2008.

[33] (美)郝伯特·施皮格伯格.现象学运动[M].王炳文,等译.北京:商务印书馆,2011.

[34] (西)何·奥·加塞尔.什么是哲学[M].商梓书,译.北京:商务印书馆,1994.

[35] (德)黑格尔.哲学史讲演录(第一卷)[M].贺麟,王太庆,译.北京:商务印书馆,1959.

[36] (美)亨普尔.自然科学的哲学[M].张华夏,译.北京:中国人民大学出版社,2006.

[37] (德)胡塞尔.纯粹现象学通论[M].李幼蒸,译.北京:商务印书馆,1992.

[38] (德)胡塞尔.第一哲学[M].王炳文,译.北京:商务印书馆,2006.

[39] (德)胡塞尔.经验与判断[M].邓晓芒,张廷国,译.北京:生活·读书·新知三联书店,1999.

[40] (德)胡塞尔.逻辑研究[M].倪梁康,译.上海:上海译文出版社,1998.

[41] (德)胡塞尔.内时间意识现象学[M].倪梁康,译.北京:商务印书馆,2010.

[42] (德)胡塞尔.欧洲科学的危机与超越论的现象学[M].王炳文,译.北京:商务印书馆,2001.

[43] (德)胡塞尔.现象学的构成研究[M].李幼蒸,译.北京:中国人民大学出版社,2013.

[44] (德)胡塞尔.现象学观念[M].倪梁康,译.北京:人民出版社,2007.

[45] (德)胡塞尔.现象学和科学基础[M].李幼蒸,译.北京:中国人民大学出版社,2013.

[46] (德)胡塞尔.现象学心理学[M].李幼蒸,译.北京:中国人民大学出版社,2015.

[47] (德)胡塞尔.哲学作为严格科学[M].倪梁康,译.北京:商务印书馆,2010.

[48] (美)华勒斯坦,等.开放社会科学[M].刘锋,译.北京:生活·读书·新知三

联书店,1997.

[49] (英)吉登斯. 社会的构成[M]. 李康,李猛,译. 北京:生活·读书·新知三联书店,1984.

[50] (英)吉登斯. 社会学方法的新规则:一种对解释社会学的建设性批判[M]. 田佑中,刘江涛,译. 北京:社会科学文献出版社,2013.

[51] (英)吉登斯. 为社会学辩护[M]. 周红云,等译. 北京:社会科学文献出版社,2003.

[52] (英)吉尔德·德兰逖. 社会科学——超越建构论和实在论[M]. 张茂元,译. 长春:吉林人民出版社,2005.

[53] (德)加达默尔. 哲学解释学[M]. 夏镇平,等译. 上海:上海译文出版社,2004.

[54] (德)卡西尔. 人文科学的逻辑[M]. 关子尹,译. 上海:上海译文出版社,2004.

[55] (德)康德. 纯粹理性批判[M]. 邓晓芒,译. 北京:人民出版社,2004.

[56] (德)康德. 未来形而上学导论[M]. 庞景仁,译. 北京:商务印书馆,1978.

[57] (英)克里斯滕·利平科特,等. 时间的故事[M]. 刘研,袁野,译. 北京:中央编译出版社,2012.

[58] (美)库恩. 必要的张力[M]. 范岱年,纪树立,译. 北京:北京大学出版社,2004.

[59] (美)莱斯特·恩布里. 现象学入门——反思性分析[M]. 靳希平,水軏,译. 北京:北京大学出版社,2007.

[60] (德)赖欣巴哈. 科学哲学的兴起[M]. 伯尼,译. 北京:商务印书馆,1983.

[61] (美)劳伦斯·纽曼. 社会研究方法:定性和定量的取向[M]. 郝大海,译. 北京:中国人民大学出版社,2007.

[62] (美)理查德·奥尔森. 社会科学的兴起(1642—1972)[M]. 王凯宁,译. 北京:科学出版社,2017.

[63] (美)鲁德纳. 社会科学哲学[M]. 曲跃厚,林金城,译. 北京:生活·读书·新知三联书店,1989.

[64] (美)罗伯特·毕夏普. 社会科学哲学:导论[M]. 王亚男,译. 北京:科学出版

社,2018.

[65] (美)罗伯特·索科拉夫斯基.现象学导论[M].高秉江,张建华,译.武汉:武汉大学出版社,2009.

[66] (德)马克斯·霍克海默,西奥多·阿道尔诺.启蒙辩证法[M].渠敬东,曹卫东,译.上海:上海人民出版社,2003.

[67] (加)马克斯·范梅南.实践现象学:现象学研究与写作中的意义给予的方法[M].尹垠,蒋开君,译.北京:教育科学出版社,2018.

[68] (加)马里奥·邦格.在社会科学中发现哲学[M].吴鹏飞,译.北京:科学出版社,2018.

[69] (英)马丁·霍利斯.社会科学的哲学[M].胡映群,译.台北:学富文化事业有限公司,2007.

[70] (法)梅洛-庞蒂.行为的结构[M].杨大春,张尧均,译.北京:商务印书馆,2010.

[71] (法)莫里斯·梅洛-庞蒂.知觉现象学[M].姜志辉,译.北京:商务印书馆,2001.

[72] (美)莫里斯·纳坦森.现象学宗师——胡塞尔[M].高俊一,译.台北:允晨文化实业股份有限公司,1982.

[73] (英)尼古拉斯·布宁,余纪元.西方哲学英汉对照词典[M].北京:人民出版社,2001.

[74] (奥)纽拉特.社会科学基础[M].杨富斌,译.北京:华夏出版社,2000.

[75] (英)帕特里克·贝尔特.时间、自我与社会存在[M].陈生梅,摆玉萍,译.北京:北京师范大学出版社,2009.

[76] (法)皮埃尔·布迪厄.实践感[M].蒋梓骅,译.南京:译林出版社,2012.

[77] (瑞士)皮亚杰.发生认识论原理[M].王宪钿,等译.北京:商务印书馆,1997.

[78] (法)萨特.存在主义是一种人道主义[M].周煦良,汤永宽,译.上海:上海译文出版社,1988.

[79] (德)施太格缪勒.当代哲学主流(上卷)[M].王炳文,等译.北京:商务印书馆,1986.

[80] (美)斯蒂芬·P 特纳,保罗·A 罗思. 社会科学哲学[M]. 杨富斌,译. 北京:中国人民大学出版社,2009.

[81] (英)斯蒂芬·F 梅森. 自然科学史[M]. 外国自然科学哲学著作编译组,译. 上海:上海人民出版社,1977.

[82] (美)梯利. 西方哲学史[M]. 葛力,译. 北京:商务印书馆,2004.

[83] (德)瓦尔特·比梅尔. 当代艺术的哲学分析[M]. 孙周兴,李媛,译. 北京:商务印书馆,2012.

[84] (德)韦伯. 经济与社会[M]. 阎克文,译. 上海:上海人民出版社,2010.

[85] (德)韦伯. 批判施塔姆勒[M]. 李荣山,译. 上海:上海人民出版社,2011.

[86] (德)韦伯. 学术与政治[M]. 冯克利,译. 北京:生活·读书·新知三联书店,1998.

[87] (德)文德尔班. 哲学史教程(上卷)[M]. 罗达仁,译. 北京:商务印书馆,1987.

[88] (美)沃勒斯坦. 知识的不确定性[M]. 王昺,译. 济南:山东大学出版社,2006.

[89] (法)西尔维娅·阿加辛斯基. 时间的摆渡者——现代与怀旧[M]. 吴云凤,译. 北京:中信出版社,2003.

[90] (美)西奥多·M 波特,多萝西·罗斯. 剑桥科学史(现代社会科学卷)[M]. 王维,等译. 郑州:大象出版社,2008.

[91] (英)休谟. 人类理解研究[M]. 关文运,译. 北京:商务印书馆,1995.

[92] (英)休谟. 人性论[M]. 关文运,译. 北京:商务印书馆,1996.

[93] (美)约翰·洛西. 科学哲学的历史导论(第四版)[M]. 张卜天,译. 北京:商务印书馆,2017.

[94] (英)约翰·斯图尔特·密. 精神科学的逻辑[M]. 李涤非,译. 杭州:浙江大学出版社,2009.

[95] (美)詹姆斯·E 麦克莱伦第三,哈罗德·多恩. 世界科学技术通史[M]. 王鸣阳,译. 上海:上海科技教育出版社,2007.

(二)中文著作部分

[1] 北京大学哲学系. 古希腊罗马哲学[M]. 北京:商务印书馆,1961.

[2] 北京大学哲学系.西方哲学原著选读(上卷)[M].北京:商务印书馆,1981.

[3] 蔡铮云.从现象学到后现代[M].北京:商务印书馆,2012.

[4] 曹志平.科学诠释学的现象学[M].厦门:厦门大学出版社,2016.

[5] 曹志平.马克思科学哲学论纲[M].北京:社会科学文献出版社,2007.

[6] 陈其荣,曹志平.科学基础方法论[M].上海:复旦大学出版社,2005.

[7] 范会芳.许茨现象学社会学理论建构的逻辑[M].郑州:郑州大学出版社,2009.

[8] 高秉江.胡塞尔与西方主体主义哲学[M].武汉:武汉大学出版社,2005.

[9] 洪汉鼎.诠释学——它的历史和当代发展[M].北京:人民出版社,2001.

[10] 洪汉鼎.重新回到现象学原点[M].北京:人民出版社,2008.

[11] 洪晓楠.第二种科学哲学[M].北京:人民出版社,2009.

[12] 江宜桦,等.社会科学通论[M].台北:台湾大学出版中心,2005.

[13] 林信华.社会科学新论[M].台北:红叶文化事业有限公司,2005.

[14] 刘大椿,刘永谋.思想的攻防:另类科学哲学的兴起和演化[M].北京:中国人民大学出版社,2010.

[15] 刘剑涛.现象学与日常生活世界的社会科学[M].上海:上海三联书店,2017.

[16] 苗力田.亚里士多德全集(第一卷)[M].北京:中国人民大学出版社,1990.

[17] 倪梁康.胡塞尔现象学概念通释(增补版)[M].北京:商务印书馆,2016.

[18] 苏国勋,刘小枫.社会理论的开端和终结[M].上海:上海三联书店,2005.

[19] 汪天文.时间理解论[M].北京:人民出版社,2008.

[20] 魏镛.社会科学的性质及发展趋势[M].哈尔滨:黑龙江教育出版社,1989.

[21] 吴国盛.时间的概念[M].北京:北京大学出版社,2006.

[22] 吴国盛.自然哲学(第2辑)[M].北京:中国社会科学出版社,1996.

[23] 叶秀山,王树人.西方哲学史(学术版)第八卷上[M].北京:人民出版社,2011.

[24] 殷鼎.理解的命运[M].北京:生活·读书·新知三联书店,1988.

[25] 殷杰.当代社会科学哲学:理论建构与多元维度[M].北京:北京师范大学出版社,2017.

[26] 张庆熊.社会科学的哲学:实证主义、诠释学和维特根斯坦的转型[M].上海:复旦大学出版社,2010.

[27] 张云鹏,胡艺珊.现象学方法与美学[M].杭州:浙江大学出版社,2007.

[28] 赵林.西方哲学讲演录[M].北京:高等教育出版社,2009.

(三) 论文部分

[1] 曹志平,文祥.论劳斯的"实践诠释学"科学观[J].厦门大学学报(哲学社会科学版),2010(5):50-57.

[2] 曹志平,闫明杰.希兰的知觉诠释学-现象学[J].自然辩证法通讯,2011(3):93-99.

[3] 邓晓芒.康德论因果性问题[J].浙江学刊,2003(2):34-41.

[4] 高宣扬.论布尔迪厄的"生存心态"概念[J].云南大学学报,2008(3):8-15.

[5] 韩震.本质范畴的构建及反思的现代性[J].哲学研究,2008(12):54-57.

[6] 黄徐平.胡塞尔现象学的社会学效应[J].兰州学刊,2010(11):5-7.

[7] 李朝东.现象学与科学基础之奠基[J].社会科学,2006(4):138-142.

[8] 李侠.从现象学的视角看科学主义的缺失与局限[J].兰州学刊,2006(11):9-13.

[9] 李晓进.西方哲学中意向性话题的嬗变脉络和发展动向[J].中山大学学报(社会科学版),2012(1):142-151.

[10] 李章印.现象学科学哲学的兴起[J].山东科技大学学报(社会科学版),2010(3):7-13.

[11] 刘军.论哲学和伦理学中的自然主义[J].求是学刊,1999(6):43-48.

[12] 刘永富.主体性与主观性、客体性与客观性辨析[J].人文杂志,1991(5):9-14.

[13] 卢风.两种科学观:本质主义和非本质主义[J].哲学动态,2008(10):68-76.

[14] 吕炳强.现象学在社会学里的百年沧桑[J].社会学研究,2008(1):27-51.

[15] 石中英.本质主义、反本质主义与中国教育学研究[J].教育研究,2004(1):11-20.

[16] (美)沃野.论现象学方法论对社会科学研究的影响[J].学术研究,1997(8):

43-46.

[17] 吴国盛.走向现象学的科学哲学[J].中国现象学与哲学评论(第十二辑),2012(1):15-26.

[18] (日)小川侃.现象学的现状[J].王炳文,译.世界哲学,1985(5):17-23.

[19] 杨大春.现象学还原的科学批判之维[J].自然辩证法通讯,2005(1):26-31.

[20] 殷杰.当代社会科学哲学:背景、理论和意义[J].哲学研究,2008(6):93-99.

[21] 殷杰.当代西方社会科学哲学研究现状、趋势和意义[J].中国社会科学,2006(3):26-38.

[22] 殷杰.社会科学哲学的论域[J].科学技术与辩证法,2006(6):71-75.

[23] 于光远.关于主客体关系的对话[J].学术界,2001(6):22-33.

[24] 俞宣孟."本质"观念及其生存状态分析——中西哲学比较的考察[J].学术月刊,2010(7):32-41.

[25] 张世英.本质的双重含义:自然科学与人文科学——黑格尔、狄尔泰、胡塞尔之间的一点链接[J].北京大学学报(哲学社会科学版),2007(6):23-29.

[26] 张小龙,曹志平.现象学社会科学哲学的历史、意义及主题[J].自然辩证法研究,2013(8):14-19.

[27] 张小龙.经济理论数学化的合理性分析[J].未来与发展,2013(3):25-28.

[28] 赵一红.浅论社会科学方法论中的价值中立问题[J].暨南学报(哲学社会科学),1999(1):43-48.

[29] 钟少华."主观-主体"及"客观-客体-对象"的中文嬗变[J].学术界,2002(3):122-131.

[30] 朱红文.近代唯科学主义的形成及其实质[J].上海社会科学院学术季刊,1995(3):60-69.

(四)外文文献

[1] Daniel Steel, Francesco Guala. The Philosophy of Social Science Reader[M]. London: Routledge, 2011.

[2] Garfinkel. Studies in Ethnomethodology[M]. Englewood Cliff: Prentice

Hall,1967.

[3] Joseph Bien. Phenomenology and the Social Sciences: A Dialogue[M]. Leiden: Martinus Nijhoff,1978.

[4] Kurt H Wolff. Alfred Schutz: Appraisals and Developments[M]. Leiden: Martinus Nijhoff Publishers,1984.

[5] Lester Embree. Encyclopedia of Phenomenology[M]. Dordrecht: Kluwer Academic Publishers, 1997.

[6] Mark Risjord. Philosophy of Social Science: a Contemporary Introduction [M]. London: Routledge, 2014.

[7] Maurice Natanson. Phenomenology and the Social Sciences[M]. Evanston: Northwestern University Press,1973.

[8] Maurice Roche. Phenomenology, Language and The Social Sciences[M]. London: Routledge & Kegan Paul Ltd,1973.

[9] Nancy Cartwright, Elenonra Montuschi. Philosophy of Social Science : a New Introduction[M]. Oxford: Oxford University Press, 2014.

[10] Ortega Y Gasset. Toward a Philosophy of History. [M]. New York: W. W. Norton & Company Inc,1941.

[11] Sebastian Luft, Soren Overgaard. The Routledge Companion to Phenomenology[M]. London: Routledge, 2012.

[12] The Cambridge Dictionary of Philosophy [M]. Cambridge: Cambridge University Press,2011.

后　记

本书是在博士论文的基础上修改而成的。攻读博士学位期间,在导师曹志平教授的指导下,结合个人兴趣,我选定了现象学的社会科学哲学这样的研究主题。其时,国内社会科学哲学的研究应该说还是相对薄弱的,国外很多重要研究成果还没有中译本。而此主题的开展需要大量研读现象学经典文献、社会科学研究相关文献及社会科学哲学的文献。基于自身外语方面的情况不得不有选择地进行了一些材料的舍弃。现在来看,这种材料舍弃一定程度上保证了当时博士论文的科学性和严肃性,但也因此留下了不少需要进一步解决的问题。

工作以来,承接了大量教学任务,与此研究并无太大关联,关于现象学的社会科学哲学的研究没有更进一步得到完善。但它始终是我关注的领域并尽可能深入思考。我一直以来都认为这些思考应该还有一定的价值。

当然,不论是完成博士学位论文还是这本书的完成,其间得到很多老师、朋友、同事和亲人的帮助。特别想借此机会表达对老师、朋友以及家人的感谢。

首先要感谢的自然是我的导师曹志平教授。从硕士研究生阶段开始,就入"曹门"学习,到今天已经十多年了。不论是在校期间的学习、生活,还是离校后的工作都得到了曹老师的悉心教诲和帮助。对于不善言辞的我而言,用语言无法表达自己的感激之情。

其次,还要感谢厦门大学人文学院尤其哲学系的各位老师。特别要感谢陈墀成教授、陈喜乐教授、欧阳锋教授、陈嘉明教授、徐梦秋教授,在我到厦门大学之后,很荣幸有机会得到各位老师以及学院党委邱旺土老师等的指导,才有机会充实地走过那段时光。也要感谢厦门大学提供了各种生活学习的便利条件,而在各位老师的言传身教中,一种厦门大学特有的精神也悄悄地渗入我们的为人为学之中,帮助我们不断争取自我的完善。

特别感谢河海大学马克思主义学院的各位领导和老师,他们不仅随时提供科研方面的指导,还十分关注并帮助减轻工作压力。五年多的时间里个人的成长离不开大家的支持,也感谢河海大学提供经费资助本书的出版。

此外还要感谢方红庆博士、杨松博士、赵亮博士、曾永志博士以及厦门大学2011级哲学系博士生班级的所有同学，能一起走过这段时间成为朋友是我的荣幸。

特别要感谢我的父母和姐姐，没有他们在背后一直以来的支持，也就没有今天的我，也感谢我的妻子和乖巧的儿子，给我的生活带来了不一样的色彩。

最后要感谢东南大学出版社陈淑老师的辛勤工作，多次给予很好的建议和细致的帮助。

笔者才疏学浅，本书还存在着很多问题。但就像笔者一直坚持的现象学态度抑或哲学态度一样，这种纯粹的思考能给我们的生活以不一样的认知和启发。这是没有止境的。